图书在版编目（CIP）数据

宁波气象谚语浅释 / 陈可伟编著 .-- 北京：光明
日报出版社，2018.10
ISBN 978-7-5194-4734-2

Ⅰ.①宁… Ⅱ.①陈… Ⅲ.①天气谚语—汇编—宁波
Ⅳ.① S165

中国版本图书馆 CIP 数据核字（2018）第 241629 号

宁波气象谚语浅释
NINGBO QIXIANG YANYU QIANSHI

编　　著：陈可伟

责任编辑：曹美娜　郭思齐　　　　责任校对：赵鸣鸣
封面设计：中联学林　　　　　　　责任印制：曹　诤

出版发行：光明日报出版社
地　　址：北京市西城区永安路 106 号，100050
电　　话：010-67078251（咨询），63131930(邮购)
传　　真：010-67078227，67078255
网　　址：http://book.gmw.cn
E - mail：caomeina@gmw.cn
法律顾问：北京德恒律师事务所龚柳方律师，电话：010-67019571

印　　刷：三河市华东印刷有限公司
装　　订：三河市华东印刷有限公司
本书如有破损、缺页、装订错误，请与本社联系调换

开　　本：170mm×240mm
字　　数：165 千字　　　　　　　印张：15
版　　次：2019 年 1 月第 1 版　　印次：2019 年 1 月第 1 次印刷
书　　号：ISBN 978-7-5194-4734-2

定　　价：58.00 元

本书编委会

顾　　　问：周静书（宁波市民间文艺家协会主席）

张伟民（中国气象学会科普部部长）

任咏夏（浙江省校园气象科普协会秘书长）

胡春蕾（宁波市鄞州区气象局局长）

俞　蓉（宁波市鄞州区科学技术协会主席）

编委会主任：茅晓辉　骆后平

编委会成员：陈可伟　史浩辉　黄晓兰　徐卫东

经宁波广大劳动人民千锤百炼所形成的气象谚语，不仅内容十分丰富，而且种类也很多，它的发音韵节纯系宁波方言，且符合地方谚语特性，概括了人们生产生活实践中的经验及相关的气象、潮汐、天文、地理等认识，从各个不同角度揭示了天气变化的某些规律，具有较高的科学性和实用性。宁波气象谚语是人民生生不息的文化记忆和血脉延续。它之所以为宁波民众喜闻乐见而久盛不衰，主要有以下几点原因：

一是因为它能便捷地帮助百姓估测常见的天气和气候趋势，安排生计。目前仍有许多气象谚语成为指导人们生产、观天测海的传世经典，成为人们掌握天象、自测气候的一种本领。有的气象谚语至今还是人们自测气候天象的一种简便方法，诸如"蜻蜓夹头飞，大雨在眼前"；"狗猫换毛早，冬季冷嘞早"；"耕牛田畈跑，天气一定好"；"盐鬓还潮，阴雨难逃"；等等，这些以物候现象来预测气象的谚语，在旧时缺乏现代科学手段的宁波大地，是一种朴素而又含有一定科学道理的经验总结。

二是因为它字里行间充满浓郁的地方特色，承载着宁波人难以割舍的乡土情结，延续着生生不息的乡土记忆，如宁波象山、奉化一带出门便是海，自然、地理、气候、生产、生活及风俗习惯、气质风貌等，无不带上"海"的烙印。反映在气象谚语里，就产生了一大批具有浓厚海洋文化色彩的气象谚语，有关"海""渔""鱼"的鲜明特色在中华气象谚语之林独树一帜，别具风味。例如，"春潮五更改；夏潮黄昏送；秋潮两头大，冬潮太阳红。""平风平浪天，浪生岩礁边；发出哨哨声，天气马上变。"“廿九、十四潮水旺，渔网扯断剩根纲。"“三月黄鱼要出虫，四月乌贼背板红。"“三北雨汪汪，海蜇如砻糠。"无不洋溢着浓浓的海洋气息和鱼腥味。

三是因为它言简意赅、韵味隽永、朗朗上口，具有浓厚的民间乡土文学品味。长期以来，许多宁波气象谚语经过人们不断地润色、加工而变得丰富多彩，富有诗意，在谚语中有对仗工整的诗句，如"处暑难得十日阴，白露难得十日晴"；"一朝冬雪招来财，一朝春雪带来灾"；"云朝南，道地里好撑船；云落北，河底里好晒谷"。有充满乡土气息的宁波民间俚语，如"立夏吃只蛋，气力大一万"“大小暑猛日头，晒开脑壳头"；"惊蛰过，暖和和，蛤蟆老哥唱山歌"。有用鲜明的比喻作为陪衬的语句，如"落雨落个泡，停落就好跑；落雨落枚针，落来落去落弗停"；"白露身弗露，赤膊当猪猡"；"六月日头，蛮娘拳头"。有以非常形象的事物来说明未来天气的，如"雨生蛋，落到明朝吃昼饭"；"小暑南风十八朝，晒得南山竹也叫"；"九月十三落，鞋匠老婆好吃肉"。 还有大量的同义谚语，用不同的词汇表达出来，更是宁波民间文学中的特色，如"南风吹到底，北风来还礼"；"南风吹到头，北风来报仇"，"还礼"与"报仇"两个词用在这里恰到好处。

四是因为它忠实地记录了宁波人民对生活的切身体验，对自然的独特感悟，对人生的深入思考，蕴涵着淳厚朴实的哲理，有的还揭示了为人处世的深刻哲学，常常引人深思慧悟，如"行得春风有夏雨"。就自然规律来说，在每年的春风刮过之后，夏雨也会自然而然地来。宁波的民众就根据这

目录

示夜间有雨。

乌云遮日头，当夜雨飕飕。

　　释义：天空中乌云密布遮住了太阳，当天夜里有可能会大雨连连。

乌云推上南，道地好撑船；乌云推落北，道地好晒谷。

　　释义：此语以云层移动方向来预则天气变化。

乌云脱云脚，明朝晒断腰。

　　释义：乌云结集在天顶，四面青天，主晴。

早上乌云盖，无雨风也来。

　　释义：早上见到天上有乌云遮住太阳，当天会是一种阴沉沉的天气，即使不下雨，也必然会刮起风来。

乌云接落日，不落今日落明日。
乌云接驾，不阴就下。

　　释义：在春夏季节的傍晚，天空的西边，有像石山耸立的乌云迎接日落，日落进云里就看不见了，预计明后天要下雨。

满天乌云一个洞，落起雨来没有缝。

　　释义：天空中出现满天乌云，且中间有个亮洞，阳光没有被遮住，下起雨来一定会很大很大。

乌云块块叠，大雨来得急。

释义：乌云多为积雨云。由于积雨云内乱流十分强烈，常会迅猛发生雷阵雨天气。

一块乌云在天顶，最大风雨也不紧。

释义：乌云多数是处在消散阶段的孤立的积雨云，云体范围较小，四周都是青天，加上它随着高空气流自西向东移动，所以云块移出天顶，大风雨也就随之过去。另一方面，由于这种云属不再发展变大，即使在刮风下雨，但天气会马上转好。所谓"最大风雨也不紧"就是这个意思。

早上乌云盖，无雨也风来。

释义：早晨东南方向有黑云遮日，预示有雨。因为早晨吹暖湿的东南风，温度较本地空气为高，上冷下热，水汽易上升成云，再加上白天地面受热，空气对流上升，更促使云层抬高，水汽遇冷成水滴，从而可能使天气变为不风即雨的情况。

日落乌云涨，半夜听雨响。

释义：太阳下山时，西边有云发展过来，天气由晴变阴，很快会下起雨来。

天上黄橙橙，无雨也起风。天出黄云，必有狂风。

释义：天上出现黄色或类黄色的云，必定会有狂风袭来。

朝看天顶穿，暮要四脚悬。早看天顶，夜怕四脚。

释义：晴天太阳落山之后，地面空气就沉着不动，早晨的空气，更是沉寂。这时候，只有在地面凝成低雾，不可能有云。所以"天顶穿"成了天气晴好的保证。凡是晴明的天气，太阳光强烈，地面气流可以上升，形成云彩；但是地平的四方，是悬空的、干净的。这种云产生在本地天顶，或可下对流性雷雨，但不久就要消灭的，所以四脚悬空，也是未来天气好的征兆。要是有风暴从远方前来，那么地平线上，必定有浓云密蔽，绝不可能四方空空的。

炮台云，雨淋淋。

释义：炮台云指堡状高积云或堡状层积云，多出现在低压槽前，表示空气不稳定，一般隔8—10小时有雷雨降临。

天有城堡云，地上雷雨临。

释义：天上如果出现"城堡云"（和"炮台云"形状相仿，都是可以产生雷阵雨的云体），预示着地面上雷雨即将来临。

梭子云，天会晴。

释义：天空中出现如梭子状的云，预示着天气晴好无雨。

馒头云，雨淋淋；瓦爿云，晒死人。

释义：看到乌云如馒头状，此为积雨云，将有一场降雨；如果云的形状如屋上瓦片，则说明不会下雨，将是晴空丽日，晒得路人很难受。

早晨馒头云，下午雷雨淋。

释义：早晨地面温度低，低层空气稳定，一般不会产生对流云。如果清早就出现馒头状的积云或中空有堡状的高积云，表示空气层已很不稳定，到了午后，地面温度升得很高，低层空气受热上升，加上中层空气不稳定，很容易产生积雨云，下雷雨。所以早晨出现这种云，预示下午将有雷雨。

馒头云在天脚边，晴天无雨日又煎。

释义："馒头云"，其实在气象学上叫淡积云。这种云一般是由水滴组成的，是由于局部地区存在不太强的热力对流而形成的。如果到了下午这种云仍孤立于天边，没有发展成大块的云，就表明局部地区的热力对流不旺盛，大气比较稳定，云不能再发展，预示来日晴朗。

悬球云，雷雨不停。

释义：夏天，在乌黑的积雨云的底部，有时呈波浪形状，并出现明显的像球状的云体，悬挂在积雨云底。这是由于云层中有强烈的空气扰动而形成的。这时云中的水滴互相碰撞，迅速地结

天上起了老鳞斑，明朝晒谷弗用翻。

释义：鲤鱼斑是指透光高积云，产生这种云的气团性质稳定，到了晚上，一遇到下沉气流，云体便迅速消散，次日将是晴好天气。

天上豆荚云，地下晒煞人。

释义：如果天上云体好像豆荚一般，预示天气晴好。

扫帚云，泡煞人；鱼鳞云，晒煞人。

释义：扫帚云，指高而洁白的云象扫帚，是下雨的先兆；鱼鳞云，指高空冷空气下沉冲破连续的云层从而产生的透光高积云，很可能出现干热。

棉花云，雷雨临。

释义：像棉絮团一样的云，叫絮状高积云。有这种云出现，说明中层空气不稳定，到了下午容易产生雷雨。

游丝天外飞，久晴便可期。

释义：天空出现丝丝毛卷云，预示天晴。

早上浮云走，下午晒煞狗。

释义：早上天空中有浮云游动，午后必烈日炎炎，炙烤得连狗都受不了。

天上赶羊，地下雨不强。

释义："天上赶羊"指碎积云。这种云一般不会下雨，即使下也是很小的雨，一扫而过。

天上钩钩云，地下雨淋淋。

释义：天空出现一端成为钩状的洁白云丝，那么不久大雨就会来到。钩钩云，钩状的白云；雨淋淋，下大雨。

清早宝塔山，下午雨倾盆。
天上云宝塔，不久雨哗哗。

释义：早上出现了高塔一样的云，下午就会下大雨。

山顶溢云雨，大雨将来临。山头戴帽，天气不好。

释义：高山顶上如果可见大片的青色云笼罩，预示着风雨不久就会降临。

云罩满山底，连霄乱飞雨。

释义：云罩满山底指的是雨层云底部的碎雨云、碎层云。在山区大多数在半山腰漂浮移动，预示着大雨降临。

高云变低云，明日雨淋淋。低云变高云，天气会转晴。

释义：前一句是说云变厚变低的情形，容易降落大雨，后一句则描述低层云消散，露出原来就在高层的云或是云变薄的情

天气。

云撑南水成潭，云撑北好晒谷。

云往南，雨成潭；云往北，好晒谷。

释义：云往南移，说明冷空气南下，冷暖气团交汇，所以会下雨；云往北移，说明本地区受单一气团控制，所以是可以晒谷的晴好天气。

云朝南，道地里好撑船；云落北，河底里好晒谷。

释义：每到夏秋时节，云朝南必下长雨，而且雨量很大，易成洪涝灾害；如云落北则天晴，会产生旱情，江河断水。

东南云上不来，上来没锅台。

释义：一般情况下，东南方起雨是上不来的，但是低纬度的热带天气系统是由东向西移动，或由东南向西北移动，像台风就是如此，台风上来狂风暴雨就要漫过锅台了。

西北天开锁，午后见日头。

释义：在阴雨的日子里，如果看见天空的西北方向云层消散，露出蓝天，预兆天气很快就会转晴。如果在冬季，连续阴雨以后，出现"西北天开锁"现象，表明在天气转晴后，还会有霜冻出，要注意防霜。

风

天怕东风鬼，一夜吹过要落雨。

释义：东风吹起，下雨的概率相当大。

旱刮东风弗雨，涝刮东风弗晴。

释义：大地刮起东风，一般来说是会带来雨水的，可是旱天刮东风却不见得有雨，而洪涝成灾之时刮起东风就有雨水涌来，不见晴天。

春天东风雨涟涟，夏天东风晴半年。

释义：春天刮东风就会下雨，夏天刮东风会一直晴天，农民们靠风向来判断雨水走向。

春东风，雨祖宗；夏东风，燥烘烘。

释义：春天刮东风预示下雨，夏天刮东风预示晴热。

春风不刮，草木勿发。

释义：春天一到南风吹，气温回升，雨露滋润，草木开始萌发。

东风吹过更，雨点滴滴响。

　　释义：宁波所在的我国东部沿海地区因气压低，遇到长时间刮东风的情况，天就往往要下雨了。

叫子东风，冻煞长工。

　　释义：冬天的风吹得像哨子那样响，天气会出现更寒冷的情况。叫子，即哨子。

不刮东风不雨，不刮西风不晴。

　　释义：宁波的雨水主要是由气旋带来的。气旋的行动，总是自西向东的，在它的前部，盛行着东北风、东风或东南风。故气旋将到的时候，风向必定偏东。所以东风可以看作气旋将来的预兆。

东风送湿西风干，南风吹暖北风寒。

　　释义：不同的风会带来冷暖干湿不同的天气。

东风落雨，西风晴。

　　释义：如果刮东风，就预示着要下雨，如果刮西风，就预示着明天晴。

立夏东风昼夜晴。

　　释义：立夏那天刮起东风，则当天天气晴朗。

立夏东风摇，麦子水里捞。

释义：立夏是个节气，一过完就是初秋了。一般立夏节气起一个过渡作用。风大，雨下。所以麦子就像是在水里一样。

夏东风，一场空。

释义：夏天要是刮东风（东南风），将雨水短缺，给农作物生长带来不利。

冬东风，雪花白蓬蓬。

释义：冬天刮东风，说明南方的暖湿空气比较活跃，但冬季毕竟常受到寒潮的侵袭，寒潮本身就是从北向南流动的一股强烈的又干又冷的空气，当它的前缘和南方的暖湿空气发生接触，因为冷空气比暖空气重，就会把暖湿空气抬升到高空去，使暖空气里的水汽迅速凝华成为冰晶，又逐渐增大成为雪花降落下来。

东南转北，搓绳缚草屋。

释义：表示沿海东南风转北风，将会有大风大雨来临。

惊蛰前后东南风，三五日内暖烘烘。

释义：如果在惊蛰时节前后刮起东南风，那么三五天内天气就会变得暖和起来。

一日南风三日暴，三日南风呒没暴。

　　释义：一天吹南风，要有三天风暴；三天都是南风，天气晴朗，没有风暴。

南风发发，塘井刮刮。
南风南火洞，越吹越是红。

　　释义："小暑"（阳历7月上旬）以后，宁波市进入盛夏季节。南风吹的时间越长，天气越晴热，降雨少而蒸发量大，极易造成伏旱。所以说，夏南风似火洞，越吹天越热越旱，连水塘和井底也要空了。

正月刮南风，趁早盖草蓬。

　　释义：正月里的南风会带来大量的潮湿气流，遇到合适条件就会春雨绵绵，所以要盖草棚遮风避雨。

五月南风做大水，六月南风海也枯。
五月南风有大雨，六月南风海也干。

　　释义：农历五月若刮南风，不就便有大雨降临；农历六月若刮南风，天气必会干旱，连海水都会被晒干。

六月南风忽忽飘，动雷公公睡懒觉。

　　释义：农历六月刮南风，雷公公睡懒觉不来工作，天气将会干旱。

八月南风半日雨，九月南风当日转。

释义：农历八月出现南风意味着要下半天雨，九月出现南风天气晴朗。

十月南风当天转，九月南风两日半。

释义：农历九月不冷，南来暖湿风和当地冷空气接触，不会立即致雨，过几天才会变天；若在农历十月，北方冷空气强，与南来暖风接触，当天即变。

日南风一日暴，开门南风关门暴。

隔日南风隔日暴，缓缓南风猛虎暴。

十二月南风大毒蛇，冬吹南风有雨来。

释义：冬季冷空气活动频繁，盛行偏北风。这时如果刮南风，表示暖湿空气势力增强，气温较高，当它遇南下的北方冷空气时，便预示着有大风出现。且冷空气势力越强，温度越低时，两种空气的温度相差很大，冷空气来势就越猛烈，风力也就越强，时间也比较长。同时，冷暖空气的交汇也容易引起降水。

南风吹到底，北风来还礼。

释义：偏南风转为偏北风，发生于冷锋前。意思是说当地吹几天南风之后，随后就要转北风。这条谚语应用在春季最为准确。

春南夏北，有风必有雨。

释义：春天吹南风，天气将转为阴雨。夏天吹北风，天气也将转坏。

夏南秋北，无水磨墨。

释义：夏天若吹南风，秋天若吹北风，则雨水甚少，有旱灾之虞。

秋南夏北，有雨即落。

释义：秋天吹南风，夏天吹北风，如果风力比较大，那么，不久就会下雨。

南风吹吹，烧酒注注。

释义：夏天天气晴朗时多刮东南风，给人带来凉爽，这个时候一边乘凉一边喝着烧酒，做人十分快活自在。

五月西风大水啸，六月西风石板翘，七月西风贵如金。

释义："五月西风""六月西风"是指初夏、盛夏季节宁波大部分地区常吹西南风，而"七月西风"是指不常吹的西北风。农历五月，按一般气象规律，宁波已经进入多雨的"黄梅"季节。农历六月，这时"梅雨"一般已经结束，极易出现较长时间的晴热干旱天气，真好比谚语中所形容的连石板都要被晒得翘起来了。农历七月，宁波处于高温干旱季节，此时如刮起较大的西北

风，预示将产生降水，可缓解旱情。

西风刹雨脚，泥头晒不白。
西风刹雨脚，勿等泥土白。

释义：西风煞雨脚主要是指在阴雨天气过程中，西风猛吹几场天气转晴，这种晴天不会维持很久，等不到泥土晒干又将开始下雨。这条气象谚语一般只在春季比较适用。

六月西风暂时雨。

释义：若农历六月(阳历7月)吹西风会造成短时间内阴雨天气，但时间不会很久。

夏至西南风，鲤鱼深潭拱。

释义：夏至时节刮起西南风，鲤鱼多半会往较深的水潭底下拱。

六月西南风，稻管里生虫。

释义：阴历六月，天气酷热干燥，盛行西南风，害虫易孵化繁殖。

夏至西南没小桥。

释义：夏至前后期间，吹西南风，预示有大雨。

西南火风三日晴。

释义：晚春到初夏季节，这时出现的西南风又干又热，称干热风，主晴。

西风一起，别出高低。

释义：从服饰上可以看出人的身份，但热天都穿单衣，不易区分；时至寒冬，西风吹起，穷人衣衫单薄，甚至衣不蔽体，瑟瑟发抖，而富人则棉绒裘皮，暖暖和和的，就会有很大区别了。

久雨西风晴，久晴西风雨。

释义：这条天气谚语适用于冬季半年。长时间下雨刮起西风，天气就会转晴。反之，长时间晴天后，刮起西风就会下起雨来。

西风勿过午，过午就是虎。

释义：刮西风的时间最好不要超过午时（11点至13点），如果过了午时还刮西风，西风会越刮越烈，凶猛如虎。

西风吹菊花，螃蟹爬河江。

释义：入冬后西风频吹，带点寒气，这时河江里的螃蟹也成熟了。

朝西夜东风，日日好天空。

释义：晚春到初秋的暖季，白天吹西风，夜转东风，主晴。

早西晚东风，晒死懒长工。

释义：早上吹西风，傍晚吹东风，这样的天气很闷热，白天

劳动容易中暑，晒死野外劳动偷懒的人。

伏里西北风，腊里船不通。

释义：意为伏天如果刮西北风，则当年冬季寒冷异常，河道冰坚。

冬至西北风，明春燥烘烘。

释义：冬至如果刮起西北风，第二年春天会干燥且热得比较快。

西北风怕鬼。

释义：冬天，白天刮西北风，到了晚上"鬼出来的时候"就会停下来。实际是说到夜深人静的时候西北风就会停下来。

北风不受南风欺。

释义：偏南风转为偏北风，发生于冷锋前。意思是说当地吹几天南风之后，随后就要转北风。这条谚语应用在春季最为准确。

秋后北风田里干。

释义：秋后到次年宁波逐渐在西北季风控制下，雨水显著减少，主旱。

秋里北风晴。
重阳一阵风，久晴过立冬。

释义：这两条谚语的含义是在秋季吹北风，天气主晴。一般的情况下，每年一过重阳节，北风带来北方寒冷干燥的冷空气，经常会出现秋高气爽的连晴天气。如北风吹的时间越长，表示冷空气的势力越稳定，天气晴的时间也会越久，所以有"重阳一阵风，久晴过立冬"等说法。

北风寒冷天气晴。

释义：宁波地区整个冬季的天气是冷空气一次一次南下影响的过程。在冷空气南下时总是吹强大的北风或西北风，带来寒冷的空气，使气温急剧下降。

冬至多风，寒冷年丰。

释义：冬至这天多风的话，则气候较为寒冷，第二年是个丰收之年。

单日发双风，双日发单风。

释义：春季若逢单日（初一、初三、初五……）起风，大风将会持续刮两天，双日起风则只刮一天就停了。

五更起风，白日更凶。

释义：在五更拂晓时分起的风，如果未能一下子停住，那么白天来临时，风会刮得更猛烈。

三月天闷必有暴，六月响雷勿做风。

释义：农历三月是阳春时节，春暖花开，天气宜人，但如果是闷热天，必然要有风暴来临；六月里打雷则不会刮风。

八月十四伽蓝暴。

释义：是指宁波地区八月中旬有风潮来袭。

恶风尽日没。

释义："恶风"即大风，意即大风到日没时会静止。

开门风，闭门雨。

释义：早晨开门时有大风，紧吹不息，晚间关门时将会下雨。

无风起长浪，必有大风降。

释义：在台风外缘常有从其中心传来的长浪，预示台风将来临。

强风怕落日。

释义：晴朗的白天，有时也会刮起较大的风，一到傍晚，风就逐渐地变小，甚至干脆就没有风了，这种情况就是强风怕落日的意思。

一百廿日雪子风。

释义：隆冬时节下雪子，倒推120天得出日期，可以推出明年的这一天会有台风。

雨、雪、雹

雨打五更头，午时有日头。

释义：五更时分打雷下雨，到第二天午间时分可能是晴天。

雨打早五更，雨伞勿用撑。

释义：早上有雨主之后一整天晴，晚上有雨才是久雨之兆。

雨打鸡啼卯，雨伞不离手。

释义：在晴好的天气，早上只会有雾，不会下雨的。如果下雨了，表示天气本来不好，可能有远地风暴逼近。一次风暴的经过，常要一天或一天以上的时间，不是短时内可以结束的。如果早上就开始下雨，那么未来一天之内，要"雨伞勿离手"了。

雨落五更头，晒煞老黄牛。

释义：夏秋之间若五更时分下雨，说明之后晴久雨少。

早雨弗过昼。

释义：早晨落的雨，一般不会过中午就会停止。

早雨天晴，晚雨难晴。

早雨一天晴，晚雨到天明。

释义：这是指春夏时的天气现象。因为晚上地表上升的热气减弱，空中的积雨云不易飘散开去，所以说"晚雨到天明。"

鸡鸣雨，下勿长。

雨打黄昏戌，明朝燥悉悉。

释义：在黄昏时分，高空气流一般有下沉运动，天空原有的云，很易因此消散（因为下沉气流是最热燥的气流）。在这个时候，如果有碎块云里下来的雨，是下不长的，因此也就"明朝燥悉悉"了。

开门落雨出门晴，出门落雨弗肯息。

释义：如果清晨开门时候下雨，那么出门的时候和出门以后天是会放晴的，如果出门的时候天下起雨来，那么这雨就不肯停了，会下一天。

开门雨，下一寸；闭门雨，下一丈。

释义：清晨开始下雨，下雨时间短，雨量小；晚饭前后下雨，下雨时间较长，雨量较大；如果原来就是阴雨天，早晨雨势加大，则较大的雨仅仅是一阵子，很快便会减小；若晚饭前后雨势加大，则要下大雨，下雨的时间较长，整个夜间雨量都较大。

开门雨饭前雨，关门雨一夜雨。

释义：如果凌晨或早晨下雨那么下雨长不了，中午前都能停；但是如果傍晚关门的时候开始下雨那么就会下一夜雨。

东南雨隔道墙，这边落雨，那边出太阳。

释义：因为雷雨云的面积小，普通不过几平方公里，所以我们常看见城南下雨而城北未必下雨的现象。

西北雨，落不过田埂。

释义：这是指夏季来自西北方向常见的雷阵雨，下得快，停得也快。

急风暴雨西北来，来得猛也去得快。

释义：西北方有雷雨，很快就上来，大风大雨；如果云发红时，就可能夹着冰雹，但去得也快，转晴较快。

春无三日雨，夏无三日晴。

释义：这是宁波方言中常见的反义句，并非无雨无晴的意思，实际上说的是春天下三天雨叫苦，夏天三天高温则会伤农作物。

春雨贵如油，夏雨遍地流。

释义：春天的雨似油一样珍贵，夏天的雨随时会降临，遍地横流。

春寒多雨水，春暖多晴天。

释义：春季要是天气寒冷就会有降水，要是天气暖和则大多是晴朗的天气。

三月雨蒙蒙，必定起狂风。

释义：三月里连续雨雾蒙蒙，久雨起风，而且还会起狂风。

雨打桃花落满地，今年梅季是旱天。

释义：桃花开放时节，若连日下雨，雨打桃花落地，当年五月上旬芒种入梅后可能晴天居多。

梅雨西风刮，要有大水发。

释义：梅雨季节刮西风，预示着将要有大雨降临。

梅雨西南，老龙奔潭。

释义：梅雨季节，盛行西南风，将有低气压活动，主有大雨。

雨打黄梅头，田岸变成沟。

释义：黄梅天开始时如果多雨，那么整个雨季雨水就会较多。

雨打梅脚，踏断牛脚。

释义：如果黄梅季即将结束雨还一直不停下，往后日子将长时间以晴天为主。豁，豁开，即开裂。

夏雨隔牛背，秋雨隔灰堆。

释义：同一个天，同一个地，但就是相差没有多少路，这边有雨，那边无雨。

雨落芒种脚，水田晒开豁。

释义：农历五月上旬芒种到五月下旬夏至降临时若下雨，之后可能会干旱，连日旱天把水田也晒干开裂了。

伏天雨水多，仓里谷子满。

释义：农历六月中旬入伏后多雨，对水稻生长非常有利，秋后产量就会高一些。

重阳落雨一冬冰。

释义：重阳节下雨，整个冬天就将会有很多降水，一片冰凉。

秋雨大大，胡琴拉拉。

释义：这里的大大两字是形容下雨声，秋天下雨不误农事，拉二胡找开心。大大，拟声词，形容下雨声。

雨前毛毛没大雨，雨后毛毛没晴天。

释义：一开始下雨就下毛毛雨，预示这次降水过程没有大雨下；若下了较大的雨后，转为下毛毛雨，预示着之后几天要连续下雨，天气不易转晴。

落雨落个泡，停落就好跑。

落雨落枚针，落来落去落弗停。

　　释义：如果雨来势汹汹，雨点很大，能在地面积水中溅起水泡来，则雨来得快停得也快；如果下的是密集如针的雨点，则会下个不停。

一粒一个钉，三天三夜勿会停。

　　释义：连续降水的雨点小，落在水中如钉入一样，无起泡现象，连续性降雨，雨势不急，则下雨时间较长。

五月十三，关爷磨刀斩妖怪。

　　释义：民间相传，五月十三关爷斩妖怪。农历五月份正值雨季，容易下雨。传说十二下午下雨是关爷磨刀，十三下午下雨是关爷刷刀。

雨声发喘，河水涨满。

　　释义：下雨的声音像人的声音一样，河里的水就会涨满，意思是要发洪水之类的。

细雨勿晴，快雨快晴。

　　释义：下小雨时即使天晴了也晴不了多久，下大雨下不了多久天就晴了。换言之，就是连阴雨虽然不大但下的时间长，大雨或暴雨下得猛烈，但下不了多久。

一点一个泡，落到明朝也不晴。

释义：当阴天的傍晚时分，如果忽然下起瓢泼大雨，那么雨水必然持续到第二天早晨。

雨落起泡，连夜天好。

释义：阵性降雨雨点大，急速落入水中在水面上起泡泡，或雨点打在地上向四边溅开；这是阵性降雨，雨势较急，雨量较大，但降雨时间不长，很快会云过雨止，天气转晴。

落雨起泡，落得十二月廿三送灶。

释义：夏秋季节晴天下大雨，这场雨下的时间会很长。

七月七，牛郎织女哭啼啼。

释义：每年农历七月七日晚上，牛郎织女就在喜鹊搭成的桥上相会，倾诉衷肠。一年见一次面怎能不哭呢？他们在天上哭，泪水化作雨水，人间当然要下雨了。七夕节时，大多数时候有阴云或者下雨。如果没有下雨，宁波的老百姓会调侃道："今年牛郎织女不伤心了。"

廿九三十交云雨，初一难过五更头。

释义：农历岁末廿九、三十如有云雨，那么新春正月初一早晨，也难免有雨。

有雨山戴帽，无雨云拦腰。

释义：云盖住山顶，叫"山戴帽"。云层挡住山腰，可见山顶，叫"云拦腰"。

落沙天，无雨刮大风。

释义：北方有强冷空气夹带黄沙南下，预示有大风无雨。

雷雨隔田塍。

释义：下雷雨时间短、范围小，有时只隔一条田塍，一边晴，一边雨，还有"雷雨隔牛背"之说。

雷雨隔条牛背脊。

释义：牛背两边分，此谚语说明东边日出西边雨，道是无晴却有晴。

南埭好晒谷，北埭要没屋。

释义：此话说的是下雷雨时的情景，落雷雨时，南埭、北埭之间显示出一条界线来。北埭这地方猛猛日头好晒谷，北埭那块地方却是大雨倾盆，甚至雨水要没进屋子里来。

头更落雨五更晴，五更落雨爬田塍。

释义：晚上落雨，到明朝天亮可能就会晴；可是天亮落雨，那就要爬田塍了（意为雨中在田塍行走十分困难）。

雨洒中，一场空。

释义：一块积雨云四脚空空地悬在中天，它下的雨，只及本地，一下子就完了。这种云起自本地，消于本地，所以雨量不会太大，雨时很短。

雨落的大，朝南有的坐。

释义：指连续性大雨，不能出门，就待在家里。

风与云逆行，必定有雨淋。

释义：近地面风向与高空云向相反，主雨。

雨生蛋，落到明朝吃过饭。

释义：大凡刚刚开始的雨，雨滴必是很大的。因此，雨滴在下降过程中，已不成为圆球体，而成为扁平的球体了。在它的下面，可裹着空气，若下落到河面上，这空气从河水中悬出，就成为气泡。因为这种气泡是见于开始下落的大雨滴上，所以象征着大雨正在开始。

对时雨，连几天。

释义：今天在某一时段下雷雨，明天仍在同一时段前后下雷雨。叫对时雨，是要连续下几天雷阵雨的，特别是夏季可以连着好几天每天午后下一阵雷雨。

久雨猛晴，还有雨淋。

释义：雨连续下了很长时间之后突现日头，那么雨一下子还不会停下来。

急雨易晴，慢雨难开。

释义：雨滴较大，下降速度快的雨，称为"急雨"。雨点小到中等，下降速度也均匀，称为"慢雨"。下"急雨"的是积雨云和浓积云，是呈块状的，水平范围一般不大，约十几公里到几十公里，而且在高空和地面的风速较大时，它的移动速度较快，所以会快速移出本地，移出后，便很快转晴。下"慢雨"是高层云和雨层云所致，它们的水平范围一般很大，约有几百公里，又因为这种云比较稳定，移动速度较慢，所以下雨的时间较长，往往是阴雨连绵不断。

雾收不起，细雨不止。

释义：指早晨的雾如果久久不散，那么天气变成连绵不停的雨天。

瑞雪兆丰年。

释义：下一次雪，就等于给庄稼施一次氮肥。另外融雪过程需要吸收大量的热量，使土壤温度大大降低，从而冻死作物的害虫卵，对农业生产有利。故有"瑞雪兆丰年"一说。

落雪勿冷煞雪冷。

释义：下雪的时候一般不会感觉寒冷，而雪止融化的时候才会感觉到冷，这是因为雪化的时候，水在蒸发，这样就从地面带走了一部分温度，从而会让人感到更冷。

一九有雪，九九有雪。

释义：一九期间要是下雪，每个九中都可能会下雪。

除夕天，大雪纷飞是旱年。

除夕当天大雪纷飞，是年后干旱的预兆。

春雪回头一百二十天。

释义：春天下雪，一百二十天内多雨水。

冬雪是个宝，春雪是把刀。

释义：到了春天，大地回暖，各种农作物都开始拔节生长，抵抗寒冷的能力远比冬天要差。这时如受冷空气影响下起春雪，使气温剧烈下降，春花作物易发生冻害。所以说，"春雪是把刀"。

冬雪是宝，春雪是草。

释义：瑞雪兆丰年，过去宁波冬雪成灾的情况很少发生。冬雪如被，能保护农作物越冬，严寒能冻死害虫，杀死病菌，有利于来年农作物生长和人体健康。春天下雪，叫倒春寒，那时春气

已动，越冬的农作物已经萌芽，人畜刚从严寒中解脱，精神释然，突遭寒潮，容易冻伤。

一朝冬雪招来财，一朝春雪带来灾。

释义：一场冬雪降临，给农作物带来福音，它风化了土壤，冻死了害虫，明年作物定能丰收。一场春雪会给人们带来灾害，一是人多病痛，二是冻坏幼苗。

雨夹雪，落勿歇。

释义：雪的产生与大范围的冷暖空气的交换有关。当冷暖空气势均力敌，且空气温度较大时，往往形成雨夹雪。这样，降雪时间较长，就有"雨夹雪，落勿歇"的说法。

夹雨夹雪，勿歇勿停。

释义：雨和雪，都是空中降水，但是它们降地之前所经历的过程不同。雪成时，温度必在零下。大多的雨，是雪下降到半空再融化成的。现在下雪又下雨，表示空中冷暖气流，激荡无常，因此，天气暂时还是不会转晴的。

雨夹雪，半个月。

释义：雨雪交加的天气，一般是不会很快转晴的；若是先下雨，后下雪，接着又下雨，这就是雨夹雪，将连续几天阴雨，因为雨夹雪说明这时冷空气与暖空气势力比较相当，锋面停留的时间比较长；如是先雨后雪，或雨中夹几粒雪花，就不一定是连阴雨天气，说明先是由暖空气控制，锋前下雨，然后由冷空气控制，雨转雪，意味着冷空气的势力比较大，因此，锋面过后就是由冷空气控制的好天气了。

正月雪盖雪，二月落勿歇。

释义：正月时节连续降雪，一场接着一场，预示着接下来的农历二月会雨水不断。

腊雪如被，春雪如鬼。

释义：春天下雪，麦子受不了忽冷忽热会被冻坏，所以春雪是"鬼"。

雪上加霜，三日无晴。
雪上加霜，瓦爿放汤。

释义：如果雪还未化尽又下霜，天很快就要下雨。放汤：下雨。

雪上加霜连夜雨。

雪上再加霜，当夜就要下雨。

见雪会晴。雪落有晴天。

释义：雪下在每次寒潮来临之时，也就是在冷锋上。这是在气旋的尾部，反气旋的前部。所以雪天之后，再来的是反气旋天

气，于是天气转晴了。

雪后冷，晴嘞长。

下雪以后天气冷，晴天日子多。

冬雪多，雨水少；春雪多，天要旱。

冬天里降雪多，雨水就会少；春天里降雪多多，就会发生干旱。

寒雪等暖，春雪等伴。

寒天雪不融，天气会转暖；春天雪不融，还会接着又一场雪。

雪打高山，霜打平地。

释义：不论在高山还是在平地，雪和霜都会出现。在冬季阴天时，高山的气温一般低于平地，风速也较大，因而雪下到高山不易融化，高山上的雪一般厚于平地。雪融化时，自然是平地上的雪先融化完。由于高山的海拔高于平地，太阳光首先照在高山上，又因霜量毕竟有限，所以高山的霜先消失掉。但是在山的背阳坡并不如此。因而有"雪打高山，霜打平地"的说法。

先落小雪有大雪，先落大雪后晴天。

释义：下小雪不一定天晴，可能继续下雪；下了大雪之后，天气一定转晴，晴天时间长；下雪后完全受冷空气控制，气温较低；化雪时又要吸收热量，所以雪后冷。

雪等雪，焐雪。

释义：宁波的雪落的时间短，煞得也快，往往一场雪落过后，一到天晴，很快就煞光了。如果天晴以后，雪几天不煞，就叫"雪等雪"，也叫"焐雪"。出现这样的情况，预示下一场雪将接踵而来。

晴天落白雨。

释义：雪后初晴，太阳出来，积雪开始融化，家家户户屋顶上的雪水顺着瓦缝往下滴，滴滴答答，此起彼落，似雨非雨。这一现象，宁波人叫做"晴天落白雨"。

开雪眼转阴有连雨。

释义：现代气象学里有"台风眼"一词，"台风眼"是台风中心。在台风眼中不但无风，而且是阳光明媚。宁波人说"开雪眼"专指下雪前阴云密布的天空，云短时间裂开，漏下一二缕阳光。

春雪不满路，满路难开步。

释义：立春以后下雪，往往落地就化掉，不易在地上积雪；如果地面温度低，雪下在地上不化掉，而是积满路，便预示着要下大雪了。

雹打十日晴。

释义：冰雹的产生与锋面等尺度较大的天气系统有关，当天

气系统移过本地后天气好转。

黑云带红边，冰雹闹翻天。

释义：冰雹云的底部颜色比一般的雷雨云还乌黑，像锅底色，还经常带土黄色或暗红色，因此出现"黑云带红边"的天象大概是要降冰雹了。

云造孽，雹要落。

释义：天空中两块浓积云合并，发展异常迅速，宁波人一般叫做云造孽（吵架），这种情况也预示着要下冰雹。

雹打一条线。

释义：长期以来，人们观测发现下雹地区的宽度不大，而长度却很长，下雹地区就像带子一样。因此，人们常说"雹打一条线"。

云顶长头发，定有雹子下。

释义：雹云云体一般高耸庞大，云底低而云顶高，可达8—10公里以上，翻腾厉害，比发展旺盛的雷雨云移动速度还快，有的像人的长头发，有的像连绵的山峰，出现类似的云，降雹子的概率较大。

云色恶，必有雹。

释义：雹降自雷雨云，云中空气翻腾激荡，呈黄黑色，故称云色恶。

恶云伴狂风，冰雹来得猛。

恶云见风长，冰雹随风落。

释义：一般下雹子前常刮东南风或东风，雹云一到突然变成西北风或西风，并且降雹前的风速一般大于下雷雨前的风速，有的可达8—9级，随后连雨加雹一起降下来。

雾、露、霜

早雾晴，晚雾阴，晚雾不收，细雨淋淋。

释义："早雾晴，晚雾阴"是有重要条件的，因为雾的种类不同，也会出现"早雾阴，晚雾晴"的现象。此处是指早上出现辐射雾，预示当天天气晴朗，晚上若出现平流雾则天气阴，如果晚雾持续，则将下雨。

朝雾日出散，晒谷勿用翻；朝雾久不散，雨在眼前溅。

释义：早上的雾在日出前散尽，天气会是晴好的，晒谷不用翻。早上的雾久久不散，说明雨水马上就要降临了。

早晨地罩雾，尽管洗衣裤。

释义："地罩雾"，是指贴近地面笼罩着一层很薄的浅雾。这是由于夜间晴空无云，地面散热较大，使近地面层的气温降低，空气中的水汽凝结成的辐射雾。当太阳出来后，温度升高，使雾滴逐渐蒸发，雾也就慢慢地消散了，天气晴朗。辐射雾出现，表明大气稳定，当天是晴天，而且可能维持几天，因此又有"一雾三晴"的说法。

清晨浓雾一日晴。
雾里日头，晒破石头。

释义：早雾是晴天的预兆。这种早雾在气象上指的是"辐射雾"。出现"辐射雾"时，有时虽然很浓，但当太阳一出，近地面空气增温后，雾即随之蒸发消散。

早雾阴，晚雾晴。

释义：早雾，指白天有雾。在晴好无云的天气，太阳很好，地面很暖，气流只有上升成云，绝不可能静息地面而成雾。如果白天有雾出现，显然天空有云，日光不现，此即阴天的景象。白天的雾，还有一种可能，就是气旋里面、暖锋面上的云系下降着地的低层云，这是气旋中心区域的天气，当然阴雨天气就在跟前了。晚雾晴，晚雾相当于夜晚和清晨有雾，必是晴天。

迷雾毒日头。

释义：早上雾的临时加浓，也是因为天空无云，天气清朗的原因。

夜雾天气好，清晨浓雾一天晴。

释义：夜晚起雾第二天必定天气晴朗，清晨有浓雾则该天天气也必定晴好。

久晴大雾雨（或阴），久雨（或阴）大雾晴。

释义：久晴之后出现大雾，就会带来阴雨天气；久阴或久雨之后出现大雾，就会带来晴好的天气。

三朝雾露起西风，若无西风雨松松。

释义：若有三天重雾，第四天必定西风较大。若西风不起，一定是要下雨了。

春雾雨，夏雾火，秋雾凉风，冬雾雪。
春雾阴，夏雾热，秋雾凉风，冬雾雪。

释义：不同季节出现的雾，所预示的天气也是不同的。春季，由于南方的暖湿空气势力逐渐增强，交锋频繁，故春雾的出现是暖湿空气活跃、水汽充沛、天气转阴雨的征兆。在夏季，当副热带暖性高压加强西伸时，往往从海洋上带来暖湿空气形成平流雾；或在副热带高压的控制下，近地面气层，因夜间降温冷却而形成辐射雾。这些雾在日出之后就易消散，所以天气仍然晴热。秋雾多是冷空气即将南下的先兆，但因冷空气势力还不很强，湿度较小，不一定下雨，故常常仅出现北风增强的现象。冬雾则标志北方有较强的冷高压南下，它前部的冷空气和本地暖湿空气交锋，常会产生雨雪天气。

春雾十日阴，若要天气晴，除非水结冰。

释义：春天里连续多日起雾，天气一般不会晴好，除非冷气气南下，气温短时降低，天气才会转晴。

春雾曝死鬼，夏雾做大水。

释义：春天早晨如果雾多，说明天将大晴，这是由于春季高空气温不高，加上阳光不直射，所以夜间冷空气容易下降，导致地表清晨烟雾弥漫，当阳光一晒，水气就升往高空被风吹得四散开去，所以天气就显得分外晴朗。

夏季的雾水，由于阳光直射，高空中的热气流使得地表的雾水难以升空，就容易形成低矮的积雨云层，随着白天日照升温，底层的雾水在上升时，在热气流下马上形成水珠，就形成雨水直接回落到地面上来。

小满山头雾，大麦小麦防烂腐。

释义：小满时节山头雾气笼罩，预示着今后一段日子以阴雨天气为主。

处暑发雾，晴到白露。

释义：处暑那天如果有下雾的现象，那么晴好的天气就可以延续到白露时节。

重阳一潮雾，晚稻要烂腐。

释义：农历重阳时节起雾，预示着阴雨天居多，影响已经成熟的晚稻收割，以至于腐烂在田头了。

冬天三日雾，春天三日雪。

释义：久晴之后出现大雾，就会带来阴雨天气；久阴或久雨之后出现大雾，就会带来晴好天气。

冬天起雾次日雨。

释义：冬天的日子有雾，第二天要下雨（如果连续起雾，则要下雪）。

雾下山，地不干。

释义：雾下山，是云逐渐降低高度的一种现象。当云层高度降低到贴近地面的高度也就成了雾，这种现象在暖湿气流湿度达非常高时可能出现。云层高度的逐渐降低说明所处的地方越来越接近锋面，因此天气即将转坏。地不干说明有降水发生。

雾大雪大。

释义：这是特指冷天时节的情况：大雾必有大雪。

雾起不收，细雨不休；雾起即收，日头可求。

释义：雾一般出现在晴朗的夜晚。在正常的情况下，日出之后，随着太阳的升高，雾就会慢慢地散去，出现"旭日可求"的好天气。若是日出之后，不见雾散，很可能在雾的上空有云存在。这时，雾就可上升与云连成一体，使云的厚度加大，而导致连绵细雨。

发雾三日北，大水没上屋。

释义：如果大雾后又刮三天北风，可能会暴雨成灾。

三月雾蒙蒙，必然起狂风。

释义：农历三月时如果天空雾蒙蒙一片，必然会有狂风相伴而生。

五月雾露，雨在半路。

释义：农历五月时有雾水降临，预示着马上就要下雨了。

大雾不过三，过三十八天。

释义：大雾超过三天之后，那么雾气就会持续很久的时间。

重雾三日，必有大雨。
三日浓雾，必有狂风。

释义：重雾系指大雾。大雾维持三天，说明暖湿气流特别强盛。暖湿气流越强盛，等冷空气一到，下的雨也就越大。因此利用"重雾（浓雾）三日，必有大风大雨"这两条谚语预测天气，不论哪个季节，准确性都比较高。

梅里雾，水没路；伏里雾，热如水。

释义：梅雨季节起雾，将有大雨降临。三伏天里起雾，天气将异常炎热。

秋雾老北风，晒煞河底老虾公。

释义：秋天起雾又刮北风，天气将连续晴热。

立冬发雾冬至雪。

释义：立冬那天，如果有下雾的现象，那么冬至那天就会下雪。

雾露在山腰，有雨在今朝。

释义：如果在不高的山腰有雾露，则当天就会下雨。

烟雾罩不开，戴笠披蓑衣。

释义：指春、夏、初秋时节，如果早晨的雾到巳时初还久久不散，往往变雨天，出门时应带上雨具，防止被雨水淋湿。

腊月有雾露，无水做米醋。

释义：腊月即农历十二月，如十二月仍有雾露，则天会旱到做米醋的水也没有。

露水见晴天。
露水大，好晒谷。

释义：在晴朗少云、风小的夜里，最利于露的形成。而要出现晴朗少云、风小的天气条件，往往只有处于高压控制下才能实现。所以说，有露水，一般天气晴好，在夏天就"好晒谷"。

早露大，晴长久。

释义：早上作物上有很大的露水，则一段时间里天气会持续晴好。

露水报晴天。

释义：冬天的早晨要是看见大地上的露珠，说明这一天是个大晴天。

旱天无露水，伏天无夜雨。

释义：露水是空中水汽接触了夜间过冷物面而凝成的水滴。有露水出现的天气，低空需要有足量的水汽。而在旱天，空中水汽必少，所以露水就无从发生了。

冬寒有雾露，无水做酱醋。

释义：寒冷的冬天如出现雾和露，那么就不会出现下雨的天气。

风大夜无露，阴天不见雾。

释义：阴天，空中铺盖一层厚厚的云层，像在地表面盖上一层厚厚的被子。夜晚，地面开始辐射散热，由于云层存在，辐射热量被云层挡住，不易散失。同时，云层又把地面辐射热量又反射回地面，又增加了地表温度，这样地表就不能使自己很快降温成为冷源，而空气也不能有效冷却，既然空气不会迅速冷却，水汽也就不可能被凝结成小水滴而生成雾。

露水重，天气晴。

释义：清早起来，如果发现露水很重，就可知道当天是个晴好的天气。

阴天没露水，风大露水稀。

释义：阴天的早晨没露水是因为云层较厚，空气温度与地面温度差别不大，无法使水汽凝结形成露水。如果刮风了那么晚上就不会起露水了，这是因为降低了湿度，而且露水也上不去。

露水迟收天要落。

释义：露水迟迟没有被蒸发掉，说明温差小，空气湿度大，含水量多，下雨可能性就很大。

春霜不隔夜，隔夜不落雨。
春霜三日比六月。
春霜白，东风刮，天将雨。

释义：春霜的出现，往往预示天气会很快转坏。因此，出现白霜的机会不仅比冬天少，而且时间也比较短。但是，若连续几天出现春霜，这表明影响本地的冷气团势力十分强大，东移缓慢，南方的暖空气势力相对比较弱小。因此，冷、暖空气就不易在宁波交锋。这样，在单一冷高压的稳定控制下，宁波市会出现较长时间的晴天。

一日春霜三日雨，三日春霜九日晴。

释义：在春季，要是一天有霜就会连降三天雨，而连续三天霜后，则会有九天的晴朗天气。

春霜不出三日雨。

释义：春季连续三天有霜，也就是连续三天晴天。宁波春季的晴天，白天温度连日增高，气压降低，使本地和四周之间的气压梯度增大。因此，也就发生了空气流动的现象，于是天气跟着变化，而要下雨了。

春霜不露白，露白打滑蹋。
春霜不露白，露白要赤脚。

释义：春霜的出现，往往预示天气会很快转坏，"赤脚"与"打滑蹋"都是下雨的意思。因为在宁波春季受南来的暖湿气流影响，地面也逐渐开始回暖。因此，出现白霜机会不仅比冬天少，而且时间也比较短。当冷空气下来后，容易变性转为低压(槽)控制，天气就变阴雨。"春霜不露白，露白要赤脚"说的就是这种意思。

春霜三日白，晴到割大麦。

释义：若连续几天出现春霜，这表明影响宁波本地的冷气团势力十分强大，东移缓慢，南方的暖空气势力相对比较弱小。因此，冷、暖空气就不易在宁波市交锋。这样，在单一冷高压的稳

定控制下，宁波市会出现较长时间的晴天，故有"春霜三日白，晴到割大麦"之说。

春霜不打草。

释义：春天的霜不会冻死草，只会融化为水，滋润野草的成长。

春霜见东南，必定有雨来。

释义：春天降霜后刮起东南方，预示着会有风雨降临。

春霜雨，冬霜晴。

释义：春天出现霜，紧接着将有雨；冬天的早晨看到霜，这天必是大晴天。

浓霜猛日头，霜重见晴天。

释义：冷天早晨起来，地面上见到有霜，当天必定是个晴好的天气。

霜夹雾，早得井也枯。

释义：下霜又下雾，天气会干燥异常，甚至井水也会干枯。

霜后东风一日晴。

释义：下霜之后如果刮东风，就预示着第二天是晴天。

未到霜降先落霜，晚稻糯谷变荖糠。

霜降未到先落霜，晚稻穗穗变荖糠。

释义：农历九月下旬霜降前就有霜降临，说明天气冷得快，若没有及时做好相应的管理工作，晚稻就要减产了。

霜降见霜，米烂陈仓；未霜先霜，米贩称霸王。

释义：霜降节令降霜，稻谷将有好收成；如果未到霜降就降霜，则预示着稻谷歉收。

霜降无霜，廿日无霜；霜降见霜，米烂陈仓。

释义：霜降那天没有霜降临，之后很长时间可能无霜。反之，如有霜降临，则有利于农作物生长，有望丰产丰收。

霜降落霜，谷子满仓。

释义：农历九月下旬霜降时节霜临大地，晚稻收成可能会较好。

冬至无白霜，石臼无谷糠。

释义：到了冬至，按理说，应有白霜出现，若无霜，说明当年气温偏高，越冬害虫就不会被冻死，作物就会受到严重的病虫害侵袭，大大影响作物生长，就会降低收成。

一天有霜晴不久，三天有霜天晴久。

释义：如果只有一天有霜的话，那么天气就会变化了；但是如果三天有霜的话，那么天气变化就不会大，所以说三天如果都

有霜的话，那么就会一直是晴天了。

三日霜，暖如汤。

释义：秋冬时节连续三天的浓霜，气温会提升很快，以至于温暖如春。

有霜天脚红，无霜天脚褐。

释义：天脚红、褐，指日落时，天边呈红、褐色的云彩。意即日落无云，天边发红，夜间变冷，易产生霜，反之，无云，无雨。

冬至前头七日霜，有谷有米没砻糠。
冬至前头七日霜，明年有米没砻糠。

释义：冬至前面七天降霜，明年的稻谷收成好。砻糠，指稻谷经过砻磨脱下的壳。

冬至有霜，年有雪。

释义：意思是说冬至这天有霜，过年就会下雪。

冬至无霜，捣臼无糠。

释义：意思是说冬至这天没有霜，说明天气还是很热，影响农作物正常过冬，造成作物歉收。

霜后暖，雪后寒。

释义：霜冻一般出现在冷空气侵袭后的高压控制下，霜后多是风小、天晴、阳光明媚的天气，自然比较暖和；下雪常是冷空气的前锋和暖湿空气相遇产生的，冷空气的主力还在后面，而且融雪的时候由于水分蒸发，从地面带走一部分温度，这也是雪后寒的原因之一。

一夜白露一场霜。

释义：有这种现象并不奇怪，露和霜的生成原因是一致的，都是空气遇到较冷的表面使水汽凝结而成的，只不过是当时的气温不同而已。

日、月、星

日撑红伞有大雨，月撑黄伞落小雨。

　　释义：日头上方有红云出现，不久就有大雨来临。月亮上方若有黄色的云彩，不久便会有小雨降临。

日出没红，无雨即风。

　　释义：在太阳出来时看不见红光，天气要变坏，即使不下雨也会刮风。早上不见红光，说明有浓云密蔽天空，使易于透过大气层的红光不能穿透而射入人们的眼帘。

日出早，雨淋脑。
早见太阳天不晴。
日头出得早，天气靠不牢。

　　释义：如果太阳比平日出来早，天将要下雨。在晴好天气下，早上看到太阳一般就比较迟。但是如果有新的天气系统移来（像锋面、低槽等），那么逆温层就会被破坏，集结在近地面的水汽、尘埃在乱流作用下向空中散开，这样天边就显得格外洁净，太阳一出来就为我们所看到，因此好像太阳出得比较早些。

日出胭脂红，无雨就是风；日落胭脂红，无风也是雨。

释义：早晨日出时，东方出现胭脂色的云彩，不久会有雨降临。傍晚日落时西方出现胭脂红的云，不久就要刮风，若没风就要下雨。

日落云里头，大雨半夜后。

释义：在太阳下山时，西方有浓云层，大体上会下大雨，下雨的时间是半夜，或者次日中午。

日落暗红，无雨则风。
日落胭脂红，明朝雨夹风。

释义：观看天象，倘若太阳落山时，西边的天空呈现胭脂红（暗红）的色彩，次日（半夜起）又是雨又是风。

日落西北一点红，半夜起来搭雨篷。

释义：太阳将要落山的傍晚，因为斜射的缘故，太阳光经过大气层的厚度大，碰到的水滴和灰尘多，差不多把其他颜色的光都反射掉了，只有红色能透过。但红色阳光就比较淡，如果西面天空的水滴大，随着空气流动的方向逐渐来到本地，本地就会出现"无雨便是风"的天气。

日出日落胭脂红，不雨就生风。

日出日落胭脂红，弗是落雨就是风。

释义：高空有低气压系统移来之前，空气扰动剧烈，大气中悬浮物增多，并且质点大，短波被吸收和散射较多，波长最长的红色先和波长次之的橙色光衍射程度显著，太阳便呈胭脂红色，日轮比平时在天空时大了几倍。因此，"日出日落胭脂红"是下雨的征兆。

今日日落乌云洞，明日晒死人。

日落乌云接，明天把工歇。

今日日落乌云洞，明日晒得背脊痛。

释义：夏秋空气很稳定的时候，没有强烈的上升运动。有时出现稀薄的云层，看上去，有时像花朵，有时像鱼鳞的样子，或者说像屋顶瓦片一样有次序排列，有时太阳落山时，西边天空有碎块乌云。但是一到晚上，地面温度降低，空气下沉，云层也就消失，所以次日还是好天。

日落发白光，天气将晴朗。

释义：如果天气晴朗，西面大气的水滴比较小，还有一部分颜色光还能透过大气层，日落后呈青白色，预示天气晴好。

日头呲横箫，落雨看明早。

释义：傍晚的时候如果看到太阳旁边有云，第二天下雨的可能性就比较大。呲：吹。

日头有横梢，落雨在明朝。

释义：天空中的太阳中间有道云，好像横梢，预示着第二天就要下雨了。

日出太阳白，明朝大风发。

释义：日出东方一点红，是好天气，但早上出来的太阳白蒙蒙，预示次日要发大风。

起早有胭脂晚怕白。

释义：意为早上太阳胭脂色，傍晚呈现白色，这是大风的预兆。

日落发白光，天气将晴朗。

释义：太阳落山时周边呈现白色的光芒，预示着天气将继续晴好。

黄日照后，明朝大漏。
太阳照黄光，明朝风雨狂。

释义：落日时，太阳呈黄色且特别明显，预示未来有较大的雨。日呈黄色，是空中悬浮物的作用发生的光象。悬浮物增多，是空气剧烈运动的结果，这表明将有低气压或锋面移来影响本地，明天或迟些就要"漏"一场大雨。

太阳现一现，三天不见面。

释义：阴雨期间，阳光偶一露面，预示继续下雨。

太阳落地穿山，明朝一定晴天。

释义：这句是说夏天傍晚，如果落日隐入山后，四周都无云朵，说明次日天气还是晴朗无雨。

日落西北一点红，半夜爬起盖草蓬。

释义：日头落山的时候，如果西北天空出现一些红云，预示着半夜可能会有大雨降临。

日落吹横箫，有雨等明朝。
日出吹横箫，午时有雨到。
太阳落山吹横箫，有了今朝没明朝。

释义：太阳下山的时候，如果西面天空出现密集云层，这是气旋前部的景象，有了这种云，气旋也逐渐迫近，将要下雨了。日出时看到了横箫，表明气旋前部已过我地，将要下雨。

黑吃红，雨等不到明；红吃黑，雨等不到黑。

释义：黑指云，红指太阳。黑吃红，必是乌云浓重，日光为云隐蔽的结果，这是气旋中心的现象，所以雨马上就到。红吃黑，是云消日现，等不到天黑，雨就完了。

日月生耳朵，不雨便是风。

释义：日月生耳朵。是和日晕同类的现象，都是因为日光遇到卷云、卷层云，经过折射而发生的，预示着天气转坏。

月亮长毛，有雨明朝。

月亮发毛要落雨。

月亮生毛，阴雨难逃。

释义：月亮长毛、生毛一般是指碧空无云的晴好天气下月亮的发芒现象。当天空出现高云时，有时会使月光黯淡、轮廓模糊。说明当时大气不是十分稳定，有乱流现象存在。因为空气中充满水汽和吸湿性大颗粒物，成云降水的条件已经部分具备，如果有一定外力影响立即可以生成云或降水。

猛猛月亮晒稻田，明朝天亮烂腐天。

释义：夜晚皓月当空，月亮照亮稻田，到了第二天早上多半会是大雨一阵。

八月十六明月照，海水浸过龙王庙。

释义：如果中秋明月高照，海上必有大潮。

月亮打伞，好不过三。

释义：月亮"撑伞"时说明空气中有悬浮物水汽存在（就一般情况而言），天气可能变坏。但是撑不同的"伞"就说明空气中水汽、悬浮物含量也有多寡大小之分。"撑红伞"变坏快，"撑蓝伞"变坏慢。虽然说当时天气情况是晴好的，但是已潜藏着不利的因素。因此有"月亮撑伞，好不过三"之说。

月亮撑黑伞，明朝大晴天。

释义：在晴朗的夜晚，月光皎洁，注意细看，在它的周围却有一个暗黑色的圆盘，叫月亮"撑黑伞"。月光清澈，表明大气干燥、稳定，是在高气压天气系统控制下，预兆未来是晴天。

月亮撑黄伞，要有小雨落。

释义：月亮"撑黄伞"是指无云或少云的夜空，月亮戴个黄光轮。此种情况就是大气中的悬浮物质数量不多，质点不大，悬浮物只吸收和散射光波较短的青、蓝、色光，余下红、橙、黄、绿色光衍射效应显著，该四色光复合就是黄色光，使月亮"撑黄伞"。它表明大气不稳定，将有雨，但不会强烈，所以下小雨。

月亮边有晕，明朝要刮风。

释义：如果月亮周边有晕，则第二天要刮风。

月晕没门，半夜雨沉沉。

释义：如果暖空气势力很强，水汽又很充足，那么它就有足够的力量到达很高的高度，而且可以形成足够的冰晶，这样所形成的晕就是全晕，也就是本谚语中所说的没有门，出现这种情况，风雨可能性更大些。

星光含水，雨将临。

释义：星的周围有个亮圈，看上去蒙蒙亮，叫"星光含水"。这种现象，表明天空大气中有大量的水滴，水汽很充足，是雨将临的征兆。

星星眨眼睛，落雨隔弗远。

释义：空气中水汽较多，温度较高，夜间遥望天空，就会发现星星的光在闪烁，忽明忽暗，晃动不定，预示不久会有雨水降落。

久雨现星光，明日雨更狂。

释义：长时间下雨过后，夜晚天空中出现星光，第二天的雨水会更加猛烈。

明星闪闪动，明朝有大风。
星光摇，起风暴。
星光闪动，要发大风。

释义：夜间，有时我们可以看到星光闪烁不已，特别是地平线上附近的星星闪烁更为剧烈，忽隐忽现，有时还伴随着色彩的变化，这就叫"星星眨眼"或叫"星光闪动"。它是天气即将变坏的一种先兆。

夏夜星密，明朝晴热。

释义：夏夜如果看到满天星斗，这除了预兆次日天晴之外，还预示着次日将是个大热天。

密密星，朗朗晴；朗朗星，密密晴。

释义：夏季夜空若密布星星，那天气间或出现晴天；夏季夜空星星若稀疏，那天气很长一段时间都是晴天。

满天星，明朝晴。
夜里星密，第二天热。

释义：云中有水汽，夜晚看到的星星多说明云少，说明水汽少，水汽少那么雨就不会下了。

夜里星光明，明朝依旧晴。

释义：夜晚时候天空中星星很多很闪亮的话，一般第二天都会是晴天。

虹、晕、霞

早鲎（虹）弗过昼，夜鲎（虹）晒开头。

释义：地道的宁波话不说虹，而叫"鲎"（音同"吼"）。早上有鲎（虹），晴不到中午，即很快就会有雨。傍晚出现的鲎（虹），预示着第二天是晴好天气。

早鲎（虹）雨，夜鲎（虹）晴。

释义：早晨看到彩鲎（虹），预示着今日可能有雨；傍晚看到彩鲎（虹），预示着次日将是晴天。原因见"东鲎（虹）日头西鲎（虹）雨。"

东鲎（虹）晴，西鲎（虹）雨。
东鲎（虹）日头西鲎（虹）雨。

释义：鲎（虹）是由于太阳光射到空中的水滴，发生折射与反射形成的。它出现的位置与太阳所在方向相反，因天气系统运动的规律，是自西向东移动，西边出现鲎（虹），表明西边的雨区会移来，本地将有雨下；东边有鲎（虹），表明雨区在东，它

往东移出，就不会影响本地，未来无雨。

东鲎（虹）在东，有雨落空。

有鲎（虹）在西，行人穿蓑衣。

释义：天空出现东鲎（虹），未来天气主晴；出现西鲎（虹），天要下雨。宁波处于中纬度地带，高空盛行由西往东的西风气流。天气系统和降雨的云系在它的引导下，多半也是自西向东移动的。因此，如果早上看到西方天空出现彩鲎（虹），这表明西边存在雨区，随着天气系统的东移，雨区将影响本地。如果傍晚看到东方天空出现彩鲎（虹），这表明西边天空无云，雨区已移至东方，未来本地天气转晴。

夏鲎（虹）断雨点，秋鲎（虹）海糊泥。

释义：夏天天空中出现彩鲎（虹），天气就要晴了。秋天出现彩鲎（虹），说明将要下雨，使海滩变糊泥。

鲎（虹）高日头低，大水没稻田。鲎（虹）高日头高，晒煞老和尚。

释义：鲎（虹）比日头高，就要下大雨，甚至要把稻田淹没。如果鲎（虹）高，日头也高，那么将会出现晴好天气。

鲎（虹）高日头低，早晚披蓑衣。

鲎（虹）高日头低，大水没过溪。

释义：由于高层空气中雨滴较大，含量较多，因此在较高位置才能出现鲎（虹）。这种情况都说明本地区处在不稳定的天气系统控制下，并且水汽比较充沛，未来形势继续发展，就很可能出现阴雨天气，预示未来可能下雨。

早鲎（虹）雨，夜鲎（虹）晴。

秋里晚鲎（虹）晴。

释义：早鲎（虹）即西鲎（虹），夜鲎（虹）即东鲎（虹），鲎（虹）的出现表示该地有雨，由于温带天气一般由西向东转移。因此出现东鲎（虹），东方的雨一般不会影响本地，出现西鲎（虹），西方的雨将要影响本地。

傍晚鲎（虹）照东，晴雨又相逢。

释义：在夏季，鲎（虹）出现的时间时常在傍晚。鲎（虹）在东边出现主晴，傍晚的雨和次日的晴相逢在一起。鲎（虹）出现在西面主雨。

断鲎（虹）现，天要变。

释义：这个"天要变"是指台风将袭击并带来狂风暴雨。断鲎（虹）也称短鲎（虹），是出现于东南方海面上的半截鲎（虹）。它没有常见雨鲎（虹）的弧状弯曲，色彩也不鲜艳，通常在黄昏出现。因为断鲎（虹）是由于台风外围低空中的水滴折射阳光而形成的，所以看到断鲎（虹）则预示台风将来临。

七月七挂鲎（虹），七个小台风。

农历七月七这天天空现彩虹，会有连续不断的小台风来侵袭。

日出有晕，弗雨也风。

释义：太阳出来时周边有晕，天将要下雨或者刮风。

日晕三更雨，月晕行千里。

释义：白天见到太阳周边有光圈，那么当晚半夜里就会有雨。夜里看到月亮周边有光圈，那么明天必定是晴天，可以出门远行。

日晕三更雨，月晕午时风。

释义：如果太阳旁边有晕的话那么三更就会下雨，如果月亮旁边有晕的话就会起风。晕，有时候，在太阳或月亮周围出现一道光圈，色彩艳丽，人们叫它"风圈"，气象上称晕。

早晕狂风起，午晕明朝雨。

释义：如果早晨太阳边上有晕，马上就刮狂风；如果中午时分太阳边上有晕，则第二天有雨。

夜晕长江水，日晕百草枯。

释义：晕是围绕在太阳或月亮周围的色圈。夜晚出现晕，预示着雨水将至，而白天刚好相反。一说刚好相反，亦有说日晕或月晕都预示着坏天气将要来临。

日枷风，月枷雨。

释义：日晕或月晕都是坏天气的预兆。当天空出现日晕或月晕时，当地将有风雨来临。日枷，即日晕；月枷，即月晕。

大闰三日里，小闰在眼前。

释义：大闰就是晕，小闰就是华。气旋前面的云系是由高变低，由薄变厚的。卷层云薄而高，在先；高积云厚而低，在后。所以气旋来的时候，先见由卷层云成的晕（大闰），后见由降水性高积云成的华（小闰）。这就说明，见了大闰，三天才下雨；见了小闰，眼前就下雨。

大华晴，小华雨。

释义：华是由云中小颗粒衍射阳光、月光而形成的。华的大小与云中水滴、冰晶的半径成反比，水滴、冰晶的半径越小华就越大；水滴、冰晶半径越大，华就越小。我们看到华由大变小，说明云中水滴、冰晶半径越来越大，天气将逐渐转坏。相反，华由小变大，说明云中水滴逐渐变小，系统逐渐趋于稳定，天气将转好。

青光白光，晒煞黄粱。

释义：傍晚天空出现青白相间的条状光带，是有大旱的迹象。

青杠白杠，晒死河蚌。

青梗白梗，晒得河底开崩。

　　释义：盛夏和初秋期间，太阳下山不久，西边的天空有时出现辐射状的一道青光或一道白光，群众称为"青梗""白梗"。这是天气继续晴热的征兆。"青梗""白梗"这些现象只有在副热带高压强盛、天气稳定及大气中水汽和尘埃极少的条件下才能出现，因此，预兆了天气继续晴热，并可能会有旱情发生。

早霞弗出门，晚霞行千里。

早霞雨淋淋，晚霞晒煞人。

　　释义：早上出彩霞，天将下雨；晚上出彩霞，次日天气晴朗。出现早霞，说明西方天空有云，随着白天对流作用的加强，在东移的过程中，云块迅速发展，容易产生降水。相反，出现晚霞，表明东方天空有云，随着夜间对流作用的减弱，在东移的过程中，云块不易发展并逐渐远离本地，所以就不会下雨了。

早上红霞煖愁愁，晚上红霞晒开头。

　　释义：早上天空有红霞，天气将变得阴沉；而晚上出现红霞，则天气晴朗，日照强烈。煖，宁波方言读作阿；煖愁愁，天阴沉沉。

夜红红落地，明天好晒谷。

　　释义：傍晚天空中红霞布满天空，甚至天地间里连为一体，预示着天气晴好。

早烧有雨晚烧晴，黑夜烧了不到明。

释义：晚上，由于太阳落山一般不会有霞发生，云彩一般也都呈暗灰色。但是如果在离本地不远的地方有很高的云，当太阳刚落山时，地面上虽然射不到阳光，但是太阳却仍然可以照射到高空中的云彩，使之呈红色或水黄色为我们所看到。这就是所谓的黑夜烧，它说明离本地西边不远的地方已经有高云或积雨云存在，未来可以移来影响本地，出现阴雨天气。

朝霞暮霞，无水煮茶。

释义：霞一般出现在高压控制下，连续晴天的时候。这时空气中水汽很少，尘埃较多，是使水汽凝结成为水滴的有利条件，但水汽很少，尽管高空温度再低，"无米还是煮不成粥"，所以不能形成水滴、成云，更不能下雨。

傍晚火烧云，明朝像蒸笼。

释义：傍晚时分若出现火烧云，那么第二天将是非常炎热的天气。明朝，指明天。

夜开天，晴半年。

释义：如果靠夜快雨停了，西方还出现红霞，预示着天气晴好无雨。

天上夜红霞，晒煞老南瓜。天上早红霞，有雨浇盆花。

释义：晚上天空出现红霞，未来几天将以晴天为主，连耐旱的老南瓜也要晒死了。早上天空若出现红霞，很有可能会下雨，种在花盆里的花，就有水了。

气象灾害篇

正月打雷土谷堆，二月打雷麦谷堆。

　　释义：土谷堆，即为疫病将临，坟头激增之意。正月打雷意味着收成不好。二月打雷，天气转暖，雷响雨水丰沛，麦谷有望丰收。

正月打雷遍地贼。

　　释义：意思是指冬天打雷预示来年收成不好，人们缺衣少食只好去偷去抢了。

正月动雷，人头脆。

　　释义：正月寒冷、干燥，绝不可能有雷雨。如今有雷发动，表示天气相当湿热，这对于人体健康是不利的。同时，因为温高湿重，病菌和虫类易于繁殖，到了暑天，瘟疫恐怕要流行了。

正月雷打雪，二月雨不歇，三月少秧水，四月秧打结。

　　释义：前面是说"雷打雪"后会雨水不断，后面两句却说会大旱。

正月响雷雨夹雪，二月响雷雨不歇。

释义：正月里一般很少有打雷现象发生，若正月响雷，说明高空气候不稳定，不久有可能降临雨夹雪。若二月响雷，就有可能一段时间里雨水不断。

正月雷声发，大旱一百八。

释义：正月响雷，此后一百八十天内会发生大旱。

三月动雷起畈硬似铁，四月动雷秧拔节。

释义：农历三四月份才闻雷，出现时间已比常年偏迟。说明暖空气势力弱。活动迟，所以未来天气常常少雨干旱。

雷打立春前，惊蛰雨不歇。

释义：立春开始打雷，惊蛰时会连续下雨。

一日春雷十日晴，十日春雷雨淋淋。

释义：春天里响雷，若第二天天气稳定，近段时间一般以晴天居多，如一连几天都打雷，一段时间里将会雨水不断。

春季卯时雷，白天大雨随。

释义：春季早晨卯时（5—7时）响雷，则当天会有雨水降临。

未到惊蛰响雷霆，一日落雨一日晴，落落晴晴到清明。

释义：如果惊蛰前打雷，则清明前多雨。

惊蛰响雷米如泥，夏至响雷暗荒年。

释义：如惊蛰那天响雷，预示着该年风调雨顺，水稻生长较好，产量较高，谷多米多。如果到夏至那天才响雷，那就暗示着当年可能会歉收。

惊蛰未到先打雷，大路没干雨就来。
雷响惊蛰前，七七四十九日勿见天。

释义：此谚语是指惊蛰之前出现雷阵雨，将进入多雨天气。惊蛰之前如果打雷，就会连下49天的雨，比立春打雷下雨的时间还长了不少，所以老底子宁波人在春天不怕雷，反而期盼雷的到来，毕竟春雨贵如油。

五月二十砰砰砰（雷声），夏旱连秋白露通。

释义：农历五月二十这天雷声不断，则当年夏天干旱不断，一直会持续到白露时节。

小暑一声雷，倒转做黄梅。
小暑一声雷，十八天倒黄梅。

释义：一般来说，到了小暑节气，是宁波梅雨结束，进入盛夏的交替季节，天气系统转受副热带高压控制，天气晴热。如果

在小暑前后几天响雷，说明副热带高压减弱撤退，有利于北方冷空气下来，造成又一次较长时间的降水，但不一定18天。

"水底雷"雨大，"燥天雷"雨小。

雌雷雨大，雄雷雨小。

释义："雌雷""水底雷"指的是打闷雷，预示着大雨滂沱；"雄雷""燥天雷"指的是响雷，雨不会很大。

夏至天响雷，荒年要防备。

释义：夏至之日如响雷，可能天气变化较大，多农作物生长不利，必须做好各种准备防止荒年。

夏至响雷公，脚底踏个洞。

夏至响雷公，塘底好种葱。

释义：夏至之日如响雷，发生干旱的可能性会增大。

十月雷，阎王不得闲；十月雷，人死用耙推。

释义：意指农历十月内有雷电，来年有灾疫。十月已进初冬，不该再响雷了，故而民间有忌十月响雷的谚语。

雷打秋，晚稻折半收。

释义：立秋之日碰到雷电，老天会把农作物收回一半，意味着粮食要减产。

雷打立秋，晒死泥鳅。

释义：立秋时节打雷，天气将会异常炎热、晴朗。

秋雷扑扑，大水没屋。

释义：秋天的雷雨，多是气旋性雷雨，是降在锋面上的，往往可以在很大区域内连下一两天。如果气旋成群结队而来，还可下得更久。这样雨本就太多，屋顶也有被淹的危险了。

冬至打雷米如泥，夏至打雷暗荒年。

释义：冬至时节如气候温暖，甚至打起雷电，暗示明年水稻生长良好，是个丰收年。而夏至打雷，说明天气多变，看起来农作物长势良好，然到了收割时却产量低。

冬至打雷雷赶雪。

释义：冬至日响雷，会把雪天"赶走"，下雪机会会减少。

雷打冬，十个牛栏九个空。

释义：意思是指冬天打雷，暖湿空气很活跃，冷空气也很强盛，天气阴冷，连牛都可能被冻死。

南头雷雨过江，稻田禾苗晒黄。

释义：雷雨自南向北过江而下，可能会有一连多天的晴好天气，直至水稻田的秧苗都被晒黄。

雷声隆，雨点动，往往三滴两水桶。

释义：此句谚语意指倾盆大雨夹头夹脑，以迅雷不及掩耳之势，打得人睁不开眼透不过气。

雷声绕圈转，有雨勿久远。

释义：如果听到雷声绕圈转，则表示很近地方有雷雨发生了。因为附近的云块密蔽，云面凹凸不平，所以造成回声。既然雷雨发作在附近，雨就不久就到。

雷公鸣，雨即停。

释义：在久雨不晴的天气，忽然雷声大作，表示天气就快转晴了。这种雷雨是冷锋雷雨，在冷锋之前，有暖锋的雨，暖区的毛毛雨。可是冷锋一过，就来干净的极地气流，把本地原有湿热气流一扫而空，所以天气变好了。

空心雷，不过午时雨。

释义：春夏之交时，清晨如果打雷下雨，然而快要到中午时分，大都云消雨散，天放晴。

雷响大天亮，雨伞好甭撑。

释义：夏天响雷的时候，天空明亮，这种情况不会下大雨，因此也用不着撑雨伞。

雷打五更头，昼过有日头。

释义：意思是如果晚上下雨了，且在寅时伴有打雷，那么到了早上雨过就会天晴。五更，寅时（即凌晨3—5点）。

早雷勿过昼，过昼就落雨。

释义：早晨响雷，过了中午一般就要下雨了。

早起雷，天当晴；午起雷，雨落阵；晚起雷，不到明。

释义：早上如果打雷，那么白天就会放晴，中午如果打雷，那就一定是阵雨，晚上如果打雷，雨一般下不到天亮。

夜雷三日雨。

释义：夜晚起雷声，三天之内必有雨水降临。

青天落白雨，气煞晒稻妇。

释义：指热气突然打雷雨，猝不及防的现象。

雷公先唱歌，有雨也不多。

释义：夏天一阵响雷过后，仅下几滴小雨，预示很快雨过天晴。

先雨后雷雨滴大，先雷后雨无花头，先雨后雷大来头。

释义：先闻雷，后有雨，往往是地方性热雷雨，时间短，范围小，因此说有雨也勿多，经常是"空头阵"。先有雨，后有雷，

则是系统性的锋面雨，它是处在低气压控制下冷暖空气在本地附近交锋中形成，往往雨就大些了。但是也不是绝对的。

先雷后发风，有雨也不凶。

释义：当热雷雨移来时，一般都是先听到雷声，紧接着刮一阵大风，最后才下一阵雨。这种雨下的时间不长，雨量也不会很大，所以有"先雷后发风，有雨也不凶"的说法。

顶风雷雨大，顺风雷雨小。

释义：逆和顺是依雷阵雨的行动方向而定的。譬如雷阵雨从西向东走，本地吹着东风，和阵雨相逆，这叫做"逆阵"；反之，如果本地吹着西风，和阵雨的行动方向一致，这叫做"顺阵"。雷雨云发展的方向，是雷阵雨将到的方向。雷雨云的发展，必须有对它相向辐合的地面气流来支持它，供给它必要的水汽，所以对它吹的逆阵风，实际就是供养它发展的风。既然东方是供养它的气流的来向，所以它向东方发展，就是逆阵易来的道理。如果本地吹着西风，这种风是高空下沉的风，下沉风比较干燥，云块碰到它是要蒸发消失的，所以说顺阵易开。即使不是下沉风，雷雨云也将顺着风东去，不再回到这里。

海天雷头顶炸，吓嘞人人魂魄消。

释义：雷雨来时，灰灰蒙蒙海天一色，犹如夜色笼罩混沌一片，隆隆雷声夹杂着暴雨铺天盖地，天边的龙光闪，就像一串串火铜钿自天掷下，明明灭灭，神秘恐怖。

雷声绕圈转，有雨不久远。

释义：如果听到雷声绕圈转，则表示很近的地方有雷雨天气。因为附近的云块密蔽，云面凹凸不平，所以造成回声。既然雷雨发作在附近，雨不久就会到。

雷雨三潮，食花倒掉。

释义：连落三场大雷雨，天气凉快了，也就没人去买"食花"了。天太热了得吃些冷饮，过去没有五花八门的饮料，只有用井水和木荔果自制的天然冷饮，叫"食花"，那时有人用果桶盛着摆在凉亭下，三分钱一浅碗，给洒上薄荷浇上糖水。村人偶尔买来解渴解馋，视为珍品。

雷雨对风砸。

释义：此谚语意指雷雨有与风对着干的特性，北风南雨，东风西雨。

直雷雨小，横雷雨大。

释义：地方性的雷雨云，一般是垂直发展的云，范围也小，放电现象是从上至下而来，便叫"直雷"。这种云造成的雷雨，下雨时间短，雨量不多。当冷暖空气交锋或低气压区产生的雷雨云，是成片的，范围较大，并有个平斜面，闪电形状较平斜，这种平斜的放电现象叫"横雷"。这是天气系统造成的雷雨，降雨时间较长，雨量也大。

雷轰天顶，虽雨不猛，雷轰天边，大雨连连。

释义：雷轰天顶指雷雨后期；雷轰天边指雷雨初期。

大哥一声叫，二哥点灯照，三哥夹地扫，小弟即刻到。

释义：宁波孩子在童年都少不了听长辈们猜这个谜语，而答案正是雷电风雨。

雷声大，雨点小。

释义：一般来说，雷阵雨多在夏天发生，可有时却是"雷声大，雨点小"，或者干脆只打雷不下雨，干雷隆隆，装棚搭架摆出要下雨的样子，万事齐备独缺雨水。

雷轰天顶，有雨不猛。雷轰天边，大水连天。

释义：天边有雷声时说明积雨云中心尚未移来，随着积雨云逐渐移来，雨势将逐渐增大，当积雨云中心部分移来时雨势更大，大雨滂沱，范围广，持续时间长。

雷响过北，道地好晒谷。

释义：电闪雷鸣，雷雨来临。倘若雷声响在北面，则是干打雷，只闻雷声，不见雨影，甚至云散日照，道地等室外场地可以晒谷物。

急雷雨易停，闷雷天难开。

释义：下雷雨时，如果雷声急促，则不久雨就会停下来，反之雷声沉闷，则雨一时不会停下来。

先雷后雨其雨必小，先雨后雷其雨必大。

释义：先打雷后下雨，雨不会下得很大；而先下雨后打雷，则雨会下得很大。

久晴响雷必大雨，久雨响雷天快晴。

释义：意思是，久晴打响雷，天必下大雨；久雨打响雷，天定会放晴。

闪电不闻雷，雨水不伴随。

释义：闪电不闻雷说明雷雨云很远，本地不一定有雨。

龙光闪闪，打雷隆隆。

释义：龙光，宁波方言中的闪电。此谚语是说明电闪雷鸣的样子，形象生动。

东南西北闪电，晒煞泥鳅黄鳝。
东西南北龙光闪，晒煞泥中老黄鳝。

释义：东西南北四个方位尽显雷电，说明近段天气晴朗，久旱无雨，连生命力顽强的黄鳝、黄鳝也面临被晒死的境况。

南闪大门开，北闪有雨来。

南门火闪开，北闪雨就来。

释义：龙光闪（电闪）出现在南方，第二天定是烈日炎炎。龙光闪在北方出现，第二天定是大雨落地。

北闪三夜，不雨也怪。

西北闪闪急，大雨来得急。

释义：北方有闪电，说明北方有锋面雷，冷气团将跟随着锋面的南移而影响本地，所以，北闪预示着未来有雨。如连续三夜都有闪电，往往不久就有雨来临。闪电闪得急，雨也来得猛。

东闪西闪，晒煞泥鳅黄鳝。

东闪西闪是空骗，南闪停三天，北闪在眼前。

释义：盛夏夜间出现的东闪或西闪，都是白天受太阳强烈照射，空气发生局部地区的热对流而产生的，随着夜间气温的降低，对流云的消散而消失。所以，东闪与西闪的出现，表明控制本地的暖空气势力比较稳定，天气必然会越来越晴热。所以说是"空骗"。

东闪空，西闪风，南闪火门开，北闪有雨来。

释义：谚语中所说的"南闪"和"北闪"，都是发生在冷锋面上的电闪。电闪发生在南方，说明雷雨云在本地的南面，它们往往随着天气系统的移动向更南的方向移去，不再回过头来。这时，后面来的冷气团势力较弱，而且干燥，不会起云。刚到时气温稍较冷些，但在阳光强烈的照射下，气温升高很快，天气又会干热起来，有如火烧和"南闪火门开"的说法。

日闪不到夜。

释义：指夏季局部雷雨云中闪电，历时短暂很难过夜。

一雷压九台。

释义：农历八九月，此时北方冷空气容易南下，冷空气与热带气旋外围的气流相遇引发雷暴，而与冷空气相伴随的西风槽迫使远处的热带气旋中心转向，响雷的地方不会受到"台风"的影响，故有"一雷压九台"的说法。

夏雷压台，秋雷引台。
夏雷压，秋雷发。

释义：夏季，宁波市在暖性高压控制下，空气受热不均易产生局部性的雷暴现象。所以，夏雷表示暖性高压势力强大而稳定。这时，海上的台风不能穿过而影响宁波市。故有"夏雷压台"之言。

到了秋季，暖性高压在南退的过程中，其边缘也会产生雷暴，因此，秋雷的出现反映了暖空气势力的减弱，如果台风从宁波市东南海面移来，容易受副热带高压西缘偏南气流的引导，北上影响宁波市。这就是"秋雷引台"的道理。

春雪过了一百廿，台风要出来。

释义：最后一场春雪下过之后的第一百二十天左右，就又会台风来登陆了。

三月死泥鳅，六月风拍稻。

释义：指农历三月过于酷热，稻田中的一部分泥鳅被晒死，预兆夏季台风及早到来，农历六月刚抽穗的稻谷会被台风吹毁。

五月十八无风暴，七月八月台风少。

释义：农历五月十八如果还没有热带风暴出现，七月八月间台风出现的数量和概率就会很小。

六七月里吹北风，一两日里有台风。

释义：在六月和七月如果吹起北风，那一两天里就会有台风来袭。

冬场北风多，夏场台风多。

释义：冬天北风频频侵袭，则第二年台风会较多。

北风冷，台风遁。

释义：宁波地区吹北风，气温偏低，台风就走了。

日落风忽现，风暴就要见。

释义：太阳下山，随着就起风，这就说明风暴即将来临。

春冷多雨水，夏热多干旱。

释义：春天若气温不回升，十分寒冷，一般来说当年雨水较多。夏天若气温高，晴天较多，一般来说发生干旱的可能性很大。

日暖夜寒，东海也干。

释义：这主要指半个月的天气。通常寒潮于冷空气笼罩下，天气整日晴朗，所以日夜温差大。

正月大旱，清明雨水较多。

释义：如果这一年的冬至到正月时节这段时间以晴朗为主，发生旱情，则到了清明雨水会较丰沛。

黄梅寒井底燥，黄梅无雨半年荒。

释义：黄梅低温，无雨，收成不好半年荒。

梅里西，毒如砒。
梅里西南，老龙出潭。

释义：某些年份梅雨期常刮西风（西南风），天气晴朗干燥，会无雨形成干旱。

半夜雾露起，晒煞老泥鳅。

释义：若半夜起雾，天气可能有旱情，生活在田沟里的老泥鳅都有可能面临被晒死的威胁。

六月猛北风，晒煞河底老虾公。

释义：农历六月如果刮起猛烈的北风，就一定会有旱情出现，连河底的虾都会被晒死。晒煞，晒死，指太阳猛烈照射。

大旱勿过七月半。

释义：一年中，虽然可能旱情不断，但数出梅后到处暑这段时间，因阳光强烈、天气炎热，旱情最为严重。可是，不管怎么旱，农历七月半前夕，即使不下倾盆大雨，也会下场小雨应应景儿。

雨打黄梅脚，井底晒开豁。

释义：如果黄梅季即将结束雨还一直不停下，往后日子将长时间以晴天为主，出现旱情。豁，豁开，即开裂。

雨打芒种脚，地头晒开豁。

释义：芒种那天在最后时刻下雨，芒种以后天气一定很好，连田畈也要晒得开裂，因此要做好农作物防旱工作。

小暑南风天天连，晒得竹子也枯干。

释义：农历六月上旬小暑时节，若天天刮南风，可能未来天气降雨概率小，干旱将至，连竹子也有可能被晒干。

"小暑"南风十八朝，晒得南山竹也叫。

释义："小暑"以后，长时间吹偏南风，即反映副热带高压的势力正在不断地加强，在西伸北抬之中，不久，在它的稳定控制下，宁波市进入盛夏季节。南风吹的时间越长，天气越晴热，降雨少而蒸发量大，极易造成伏旱。

夏寒断滴流。

释义：夏天冷，气温低，则当年会和干旱相伴。

高秋无雨廿日晴。

释义：高秋即立秋，指高秋这一天如不下雨，说明天要旱，至少二十天内不会下雨。

旱冬烂春，烂冬旱春。

释义：冬天干旱则第二年春天会雨水丰沛，而冬天降水多则第二年春天会干旱。

立秋西北风，秋后旱得凶。

释义：立秋那天刮起西北风，之后的日子里可能会发生旱灾。

秋天老北风，晒死河底老虾公。

释义："秋高气爽"，本来气候比较干燥，如果连续刮西北风，就会造成大旱，河里的鱼虾也会干死。

立冬无雨满冬空。

释义：立冬这天若没有下雨，那么整个冬天也不会有雨，将出现冬旱，给农作物生长带来一定的威胁。

冬至西北风，来年干一春。

释义：冬至日如果刮起西北风，那么来年的春天就会干旱无雨。

大雪无云大荒年。

释义：大雪节气那天如果无云，或不下雨，那么来年可能是一个大荒年。

三月三落雨，落到茧头白。

清明落雨到茧头白。

释义：农历三月三左右清明时节如果下雨，会持续不断地下，一直下到蚕儿上山结茧为止。

夜来三朝雨，暗日十八日。

释义：一夜三次雨，就会出现连续阴雨天气。朝，即次。

夜雷三场雨，阴阴湿湿十八天。

　　释义：指春季低气压形成的夜雷雨，历时较长。

雨打黄梅头，四十五天无日头。

　　释义：黄梅天开始时如果多雨，那么整个雨季雨水就会较多。

六月北风，水淹鸡笼。

　　释义：农历六月里刮起西北风，天气将会多雨，连鸡笼也有可能被淹。

夏午三日北，大水没上屋。

　　释义：若夏天午后连续三天猛吹北风，不久过后，一连几天大雨必会倾盆而注，很可能会发生洪灾。

春南过三，转北即暴。

　　释义：春季，由于太阳直射点逐渐从南回归线移至赤道附近，增暖很快。此时，若是南风已经历三日，南方的气压降低很多，因此使南北间气压梯度增大，北方的冷空气自然要南下。当冷空气经过南方温暖陆面或洋面时，空气层就出现上冷下暖的不稳定层阶，易发生上升运动，将下层的水汽带入高空凝结致雨，有时可达暴雨的强度。

未秋先秋，踏断眠牛。

释义：立秋前已有秋雨，主涝，农民忙着踏车戽水会把水车轴两端眠牛石踏断。

南转北，落得哭。

释义：指南风转为北风。这是气旋里冷锋上的现象。冷锋前面盛行温高湿重的热带气团，自西南方向吹来。锋前的气压梯度小，风力和缓。冷锋后面来的是干冷的极地气团，自西北方向吹来。气压梯度大，风力非常强。同时大雨如注，雷电交加。

夏风三日北，大水没上屋。

释义：和上一句意思差不多，夏天如果吹了三天北风，大水就会淹没房屋。

立夏无雨三伏热，重阳无雨一冬晴。

释义：立夏这天要是没有下雨，那么三伏天将特别炎热；重阳（农历九月初九）这天要是没有下雨，那么整个冬季将是晴天少雨的天气。

梅里伏，热嘞哭。

释义："梅里伏"指黄梅天的极热天气，空气潮湿热得人很难受。

夏至无云三伏热。

释义：夏至这天要是天上无云，那么三伏天将特别炎热。三伏即初伏、中伏、末伏，分别在夏至后的第三个庚日、第四个庚日和立秋后第一个庚日。三伏天是一年中天气最热的时期。

夏至有风三伏热。

释义：如果夏至那天狂风大作，则当年三伏天以高温居多，会异常炎热。

夏至响雷三伏冷，夏至无雨晒死人。

释义：夏至这天要是下雷阵雨，那么三伏天就不会感到炎热，要是夏至这天没有雨，那么整个夏天将出现高温天气，使人感到暑热难耐。

秋老虎有十八头。

释义：农历七月初立秋后天气起码要热上十八天。秋老虎在气象学上有专门的定义，必须是三伏出伏以后短期回热后的35℃以上的天气。

三九不冷看六九，六九不冷倒春寒。

释义：冬天在三九四九是最冷的，如果冬天三九时不冷那么最冷的时间就会推迟到六九，如果六九还没有冷，那就会在春暖花开时来一场寒流。

春打六九头，冻煞老黄牛。

释义：农历从冬至起每九天是一个"九"，共有九个"九"，长达81天，"九尽寒尽"，天气开始转暖。如果立春日正好赶在六"九"的头几日，将会倒春寒，冻得老黄牛直发抖。

冻煞樟树脑，晒煞沿山稻。

释义：这是原鄞县地区普遍流传的一条天气谚语，含义是腊月天气奇寒，预兆夏季干旱。

长期气候篇

春天孩儿脸，一日变三变。

释义：春季天气一忽儿阴雨，一忽儿转晴，变化无常，就像小孩子一样，一会儿哭，一会儿笑。

春天孩儿脸，冬天蛮娘脸。

释义：在冬季我国北方经常有冷空气南下，带来了寒冷的风。冷空气到来时，将暖空气向上抬升，形成灰色(或暗)的云层，布满天空，十分可怕，就像旧社会里后娘面孔那样的凶恶。

正月雷，雷赶雪；二月雷，落雨勿肯歇。
正月动雷雷赶雪，二月动雷雨勿歇。

释义：正月时响雷，说明天气回暖快，下雪的可能性就很小了。二月时响雷，预示着后面一段日子雨水连连，不会停歇。

三月天响雷，麦子屋里堆。

释义：农历三月天，天空打雷说明气温回升早，对麦苗拔节抽穗有利，为丰收丰产打下基础。

长春多雨水。

释义：春天的长短之分，主要是分为年内春和年外春的缘故。春节前已入春，年外的春短了，叫短春；春节以后入春，春天的时间都在年外，叫长春。年外春，相对来说下雨的天气较多，所以形成了长春多雨水的说法。

暴日未打暴，春天多雨水。

释义：冬季七日一次冷空气南下，若没有，春天就多雨。

七日有一暴。

释义：春天里一般七日有一次冷空气活动，刮北风。

春天落一潮，热一潮。

释义：入春以后，天气逐渐转暖，南方暖湿气流开始活跃，每当与冷空气相遇就会兴云致雨，雨止后温度又逐渐上升，就成为春雨落一潮热一潮的天气了。

吃了立春饭，一天暖一天。

释义：立春以后，天气会逐渐暖和起来。

立春到红梅放，雨水到青梅老。

释义：农历十二月下旬立春时节，正是红梅怒放的盛花期，到了正月中旬雨水时节，青梅慢慢成熟变老。

两春夹一冬，无被暖烘烘。

释义：立春这个节气在春节之前（即阴历一年之内年头年尾共有两个立春），预兆着此年冬天天气暖和，即使没有被子也不会感到寒冷。

春寒致雨，春暖致晴。

释义：春天天气冷一般都是由于冷空气刚刚南下，或者南下的冷空气尚未变性而造成的，但春天是由冬向夏的过渡季节，暖空气相对比较活跃，并且一次比一次强，有冷空气南下就会形成冷暖空气交汇而发生降水，反之，如果天气暖，则说明该地在单一的暖气团控制下，或原来南下的冷空气已经变性，没有冷暖空气交汇，所以天气晴朗。

长春清明雨纷纷。

释义：如果这一年春天的时节较长，则多与雨水相伴。

长春冷开年，短春冷年里。

释义：若这一年春季时间长，则冷在来年，短春则冷在农历年内。

冷在春里，雨在秋里。

释义：春天较冷，秋天多雨。

头八晴，好年成；二八晴，好种成；三八晴，好收成。

释义：如果农历正月初八、十六、廿四都是晴天，则这一年必定是个丰收年。

久雨必久晴，久晴必久雨。

释义：久雨预兆之后将多晴天，反之亦然。

一场春雨一场暖，一场夏雨一场热，一场秋雨一场凉，一场冬雨穿上棉。

释义：春雨越下天气越暖，夏雨越下天气越热，秋雨越下天气越凉，冬雨越下天气越冷。

冷嘞早，回暖早。

释义：如果最冷时段明显提前，则同一冬季中往往不容易再次出现同样量级的严寒，也表明季节会相应提前，春天可能早来。

上半月看初三，下半月看十四。

释义：上半月的晴雨情况可看初三那天是晴天还是落雨，如果初三是晴天，那么上半月基本是晴天了；如果初三是雨天，那么上半月基本是雨天了。下半月的晴雨情况，看看十四那天就行了。

上看初二三，下看十五六。

释义：阴历初二、初三与十五、十六阴雨，分别对应上半月与下半月多阴雨天气。为什么这些关键日能预测天气的变化呢？这是人们经过长期的观测总结出来的，冷暖气团经常会在农历的一些固定日期出现，因为农历与月相有密切的关系，月亮的朔望导致大气和海洋的引潮力有周期性的变化，会使冷暖气团在某些固定日期比较活跃，故影响时天气就会发生变化。

正月长，二月长，饿死老爹娘。

释义：到正月、二月的时候，白天时间开始长了，等儿女傍晚劳动回来时，爹娘已经很饿了。

三丰四欠梅里补。

释义：若农历三月雨水偏多，那么四月雨水就可能偏少，但到五月的梅雨时节又会偏多。

三月三暖，立夏前勿冷。

释义：农历三月三左右天气就变得暖和，则立夏前一段时间不会变冷。

一日赤膊，三日头缩。

释义：农历三九月，气候变化大，忽冷忽热的日子特别多，所以人们增减所穿衣服比较频繁。

落尽三月桃花水，五月黄梅朝朝晴。

发尽桃花水，必是旱黄梅。

释义：三月桃花盛开时节雨水偏多，则这一年梅雨季节雨水就会偏少。

冷惊蛰，暖清明；暖惊蛰，冷清明。

释义：惊蛰如果天气冷，则清明会暖和，反之则清明节天气冷。

弗裹端午粽，棉衣弗可送。

吃了端午粽，还要冻三冻。

吃过端午粽，棉衣勿可送。

释义：端午时节，天气乍暖还寒，冷热不定。

五月黄梅天，好像孩子脸。

释义：黄梅季节天气多变，时阴时雨，就像小孩子的脸，哭笑无常。

六月六动雷，七月七发威。

释义：六月六出现雷声，到七月七天气就会闷热。

打雷勿做梅，做梅勿打雷。

释义：有雷声就不会有梅雨，梅雨季节到了就不会有雷声。

梅天日头，晚娘拳头。

释义：梅天时节雨纷纷，但偶尔也会雨止日出，这时的太阳最烈，加上湿度重，上照下蒸，天气闷热，像旧社会后娘打前妻留下的子女一样凶狠。

端午晴，烂草刮田塍；端午落，田间割燥谷。
端午晴，烂草刮田塍，端午落，草燥好上阁。

释义：农历五月初五端午节那天，天气放晴，将有持续降水过程；如果落雨，则将持续干旱。

头梅弗可做，二梅弗可错，三梅做到底，有谷没米。

释义：头梅二梅都可有雨，但是若三梅还是有雨，当年稻子扬花不好，收成就很差了。

雨打梅天头，快活了黄牛。

释义：梅季刚开始就雨水不断，说明当年梅季多雨水，黄牛就可以少耕地而清闲了。

久晴大雾阴，久雨大雾晴。

释义：长时间晴天，突然下起大雾，必定变天，或下雨，或阴天，长时间下雨，突然下起大雾，大雾后必定是晴天。

久雨见星光，明朝雨更狂。

释义：在连阴雨的天气里，晚上有时会云层展开，露出蓝天看见星星，这到底是天气转好的象征还是继续下雨的预兆呢？这句谚语告诉我们见星光只是暂时现象，雨仍然是要继续下的。

早上芒种晚上梅。

释义：芒种前后，天气变化大，因此有早上芒种晚上梅的说法。

六月初一晒得瓦片焦，勤力还被懒惰笑。

释义：如果农历六月初一天气晴热，那么这一年夏天就极为干旱，地里都干裂成一片一片的。

六月初三来个阵，七十二个连环阵。

释义：若农历六月初三有雷阵雨，那么以后则多雷阵雨天气。

七月半蚊虫死轧钻，八月半蚊虫死一半，九月半蚊虫变老虾。

释义：七月半蚊子叮咬厉害，八月半蚊子只存活一半，九月半难得看见的几只蚊子如虾一般大。

八月十五云遮月，来年元宵雨打灯。

释义：意为今年八月十五若是多云或阴天，下一年的元宵节估计是雨天。

八月十六乌阴阴，正月十五雨打灯。

释义：当年农历八月十五中秋这天，如果天空被云幕遮蔽（阴天或下雨），看不到中秋圆月，来年正月十五这天，通常就会阴天或下雨。

风吹八月半，雨打清明节。

释义：是说农历八月中旬宁波沿海风较大，而清明时节雨水较多。

过了夏至日，一日短一线。

释义：农历夏至日后，天日一天比一天短。

南汰好晒谷，北汰要拆屋。

释义：夏至以后南风轻轻吹拂，突然一阵细雨，随着南风飘来，马上又见太阳，这叫南汰。南汰一过，天气晴好，所以正是晒谷好时节。反之，北汰一过，会有大风大雨降临，房屋遭受风雨侵袭，如被拆迁一般。

一斗东风三斗雨，一场秋风一场寒。

释义：东风化雨，刮东风要下雨，而秋风刮一场要冷一点，冬天就要来了。

早晚风凉，晴过九月重阳。

释义：夏秋接替之间，若早晨和晚上比较凉快，天晴的时候会多一些，一直可以持续到农历九月重阳。

早立秋冷飕飕，晚立秋热死牛。

早秋凉飕飕，晚秋晒死牛。

释义：早上立秋天气会比较凉爽，如果晚上立秋，秋后的"火老虎"还会猖狂一下。

秋前北风秋后雨，秋后北风干到底。

释义：立秋前刮起北风，立秋后必会下雨，如果立秋后刮北风，则本年冬天可能会发生干旱。

重阳黑洞洞，来年好收成。

释义：如果重阳节的时候是阴雨天气，那么来年的收成就比较好。

重阳晴，一冬晴；重阳雨，一冬落。

释义：九月重阳那天，若是晴天，当年冬季将以晴朗居多。若重阳那天下雨，整个冬天将以下雨天居多。

秋天落一潮冷一潮。秋后起阵阵阵寒。

释义：入秋后，北方冷空气渐渐向南流来，冷暖空气交汇，就会兴云致雨，最后是冷空气替代暖空气，天气就一阵阵凉下来。

十六晴弗如十七夜里一天星。

释义：判断下半个月是不是晴天，看到十七晚上的满天星星要比看到十六的晴天更加靠得住。十六这天是晴天果然是好，如果十七的晚上没有满天的星星，或者下雨，那么判断下半个月是晴好天气就没有把握，如果十七晚上有满天的星星，那么判断下半个月是晴好天气的把握就比较大。

八月桂花蒸，十月小阳春。

释义：农历八月份天气较为闷热，则十月份天气还是较为暖和。

重阳无雨看十三，十三无雨一冬干。

释义：重阳节一般是要下雨的，如果无雨只好看农历九月十三是否下雨了，如果这两个日子都不下雨，预示着这年的冬季将是少雨的。

九月十三晴，套鞋雨伞挂断绳。
九月十三落，鞋匠老婆好吃肉。

释义：农历九月十三那天下雨，说明以后的日子雨水较多，鞋匠的生意会好很多，他的老婆自然可以改善生活了。

处暑难得十日阴，白露难得十日晴。

释义：处暑节气是一年中最晴热的时节，难得遇到阴雨天气。白露时节天气转凉，雨水增多，难得遇上连续多日的晴天。

九月廿七风，懒妇掏家箜，懒妇说个话，十月还有个夏。

释义：阴历九月廿七风最冷，使得懒妇都开始整理家里的针线篮，要缝制冬天的衣服。但懒妇还说，阴历十月还有一个夏，还会转热的意思。

十月中，梳头吃饭当一工。

释义：农历十月中，已过立冬，冬至将临，这段日子白天很短。

冬冷多晴天，冬暖多雨水。

释义：冬天冷晴天会居多，反之雨水就多。

冬冷勿算冷，春冷冻煞犅（ang，小牛）。

释义：冬天冷不算最冷，立春过后，有时寒潮一来，气温比冬天还低，所以有春冷要冻死小牛犊的说法。犅，小牛犊，一说牛鸣义。

立冬晴，今冬晴；立冬落，雨滴滴。

释义：农历十月中旬立冬天气晴，今年冬天可能以晴天居多，反之以雨水居多。

立冬晴，一冬干。

释义：立冬那天如果天气晴朗，那么整个冬天天气都会不错。

立冬落雨一冬阴，立冬无雨一冬晴。

释义：立冬这一天如果不下雨，整个冬天都以晴天居多。如果立冬下了雨，整个冬天都阴雨绵绵。

晴冬至邋遢年，邋遢冬至晴过年。
垃圾冬至清爽年。邋遢冬至干净年，干净冬至邋遢年。

释义：这句谚语在宁波也广为流传，说的是冬至这天下雨，之后的日子以晴好天气为主，反之，冬至晴天，之后的日子将是湿漉漉的雨天。

过了冬（指冬至），日长一棵葱。
吃了冬至面，一天长一线。喝了冬至酒，一天长一手。

释义：这三句谚语意思是说，冬至这天白天最短，过了冬至日，白昼就一天比一天白天长，夜晚渐短，道出了冬至日的气象特点。

冬水枯，夏水铺。

释义：冬天少雨，则一般夏天就会多雨。

冬天有介冷，夏天有介热。

释义：如果冬天气候特别寒冷，则第二年夏天气候也会特别炎热。

冬至脚跟晴，春天雨水多。

释义：如果冬至节气前晴，则到了春天雨水就会多。

冬前勿结冰，冬后冻死人。

冬冷勿算冷，春冷冻入骨。

释义：冬天并不特别冷，而春天的冷有可能冻死人。

晴一冬，烂一春。

释义：冬天干旱则第二年春天会雨水丰沛，而冬天雨水多则第二年春天会干旱。

冷在三九，热在三伏。

释义："三九"是指从冬至后算的第三个九天，约在阳历1月中旬，时间与大寒相近。而"三伏"是从夏至后第三个庚日开始，大约在6月下旬至8月上旬。"三九"和"三伏"分别是一年中最冷和最热的时节。

热热中伏，冷冷三九。

释义：一年中最热的日子属"三伏"，"三伏"中又以"中伏"最热。一年中最冷的日子属"九九"，"九九"中又以"三九"最热。

初八廿三潮，天亮白了了。

释义：农历初八、廿三的潮水到天亮的时候就涨平了，远看过去一片白茫茫的样子。白了了，白茫茫的意思。

四季节气篇

立春无雨好收成。

释义：立春如果不下雨，庄稼就会有大丰收。

立春无雨廿日晴。

释义：立春如果不下雨，近二十日都会晴。

立春雨淋淋，阴阴湿湿到清明。

释义：立春那一天如果下雨，预示直到清明前都会多雨。

立春落雨到清明。

释义：立春是二十四节气之首，在阳历2月4日左右；清明是二十四节气之五，在阳历4月5日左右，二者相距约2个月。如果立春日下雨，到清明节这段日子会一直阴雨绵绵。

立春晴一日，农民耕田弗吃力。

释义：立春是晴天，说明以后的天气风雨相宜，适合耕田。勿吃力：不吃力，在这里是指适宜、合适耕种。

立春晴，雨水均。

释义：如果立春这一天天气晴朗，以后便会风调雨顺。

立春一年端，种地早盘算。

释义：立春是一年的开端，要早早安排好地里的农活。

立春打雷半月雨。

释义：立春这天如果打雷的话，就要下半个月的雨，春天的雨很宝贵，所以立春打雷对农民来说是很期盼的事情。

逢春落雨到清明，立春无雨好年成。

释义：立春那天如果下雨，那就要一直下到清明了，立春这天无雨则当年会有好收成。

雨水有雨百日阴。

释义：如果雨水节气这天下雨的话，那么后边就会连续下雨。

惊蛰过，暖和和，蛤蟆老哥唱山歌。

释义：惊蛰时节一过，天气日趋暖和，池塘里的蛤蟆不在冬眠，开始鸣叫起来了。

清明断雪，谷雨断霜。

释义：清明节后不再下雪，谷雨后不再有霜。这是对于一般年份而言。

清明要明，谷雨要雨。

释义：江南春天多雨。但是雨水太集中，就不利于农作物生长，故清明要晴。再过半月是谷雨，就需要下雨了。

清明热嘞早，早稻一定好。

释义：意思是清明天气热得早，早稻一定会丰收。

清明有雨，蓑衣难离。

释义：清明那天有雨，可能之后天气雨水较多，农民外出要备好蓑衣。

清明一天雨，落到蚕茧白。

释义：清明那天下雨，可能一直要落到蚕儿上山结茧为止。

清明雨点愁煞人，立秋雨点值千金。

释义：清明前后多雨，而立秋正值播种季节，需要雨水，下雨却很少，故珍贵。

清明吃艾饺，立夏吃樱桃。

释义：各种植物的成熟期不同，人们应根据季节的特点吃对身体有益的、应季的东西。

吃过谷雨饭，天晴落雨要出畈。

释义：四月谷雨时节，气候暖和，是各种农作物播种的大忙时期，故农民不论天晴还是下雨都要抓紧时间搞好农事。

立夏吃只蛋，石板会踏烂。

立夏吃只蛋，气力大一万。

立夏不吃蛋，上坎跌下坎。

释义：指的是过去物资匮乏，人们没什么可吃的东西，到了立夏能吃到蛋，顿时有了力气，连结实的石板都能踩烂。此外，这句谚语说的是，人吃了蛋后有了力气，立夏过后，干起农活来更有劲了。

立夏胸挂蛋，小人疰夏难。

释义：宁波民间称在夏季不适，食欲不振，出现神倦身瘦等症状，叫做"疰夏"。所以民间用七彩丝线编成花绳（"疰夏绳"）系于孩子的手腕或发辫上，谓可消暑祛病，预防疰夏。

立夏晴，好年成。

释义：要是立夏这一天是晴天，这一年就会有好收成。

立夏勿种瓜，到老一朵花。

释义：立夏是种瓜的好时节。错过了这个时节，种瓜可能只开花不结果。

立夏晴，蓑衣好园进。立夏落，蓑衣脱勿落。

释义：立夏要是晴，雨衣能收起来，反之，立夏之后可能会迎来长期的阴雨天。蓑衣，是劳动者用一种不容易腐烂的草（民间叫蓑草）编织成厚厚的像衣服一样能穿在身上用以遮雨的雨具。园进：收起来。

立夏麻糍劳碌，重阳麻糍安稳。

释义：是指立夏过后将进入农忙季节。宁波话"麻糍"谐音为"无事"。

立夏小满节，种田落洋生。

释义："落洋生"指下海捕鱼。立夏小满，是种田和下海捕鱼的好时节。

立夏晴，斗笠挂墙角；立夏落，蓑衣脱勿落。

释义：农历四月上旬立夏时节天气晴朗，可能之后会延续以晴为主的天气。立夏若下雨，之后的日子里则雨水较多。

立夏称人防疰夏。

释义：宁波习俗每逢立夏节，民间都用大秤给每个人称体重，预防疰夏。

117

吃过立夏蛋，眼睛苦嘞烂。

释义：立夏是一年农忙之始，插秧种田农事辛劳，忙得不可开交。

立夏前头三届热。

释义：立夏是温度明显升高、炎暑将临、雷雨增多、农作物进入旺季生长的一个重要节气，在宁波一般立夏之前已经有过几阵晴热天来袭了。

立夏种田吃金团，小满上山蚕茧圆。

释义：立夏过后将进入农忙季节，农民吃着金团种田干活，到了小满时节，蚕儿上山作茧。

小满勿种田，少爷勿得眠。

释义：到了小满时还未种完早稻，连少爷也睡不着。

小满不上山，斩斩喂老鸭。

释义：指的是蚕宝宝如果在小满节气还不结茧，那么就没有蚕丝了，蚕儿只能成为老鸭的饲料。

小满不满，芒种不管，小满不满，黄梅不管。

释义：小满与芒种前后相差一个季节，十五天。若小满无雨，芒种时田里少水，影响插秧。入梅是芒种后第一个丙日，因此黄梅天同样雨少。

芒种芒种，样样要种，如果不种，秋后落空。

芒种样样种，秋收弗落空。芒种芒种忙芒种，过嘞芒种白白种。

释义：农历五月初芒种时节，很多农作物都要播种，否则收成会受到影响。

芒种雨，百姓苦。

释义：芒种有雨，百姓要受苦了，那时人们正忙着插秧。

夏至杨梅满山红，小暑杨梅要出虫。

释义：夏至在6月22日左右，小暑一般在7月7日左右，这段时间是宁波的杨梅季节，人们要赶紧上山采摘，否则等小暑一过，杨梅长满虫子就不能吃了。

夏至排谷粒。

释义：到了夏至时早稻都抽穗了。

夏至日头一担柴，冬至日头一条街。

释义：夏至是一年中白昼最长的时候，上午上山砍柴到晚上归来足有一担柴可砍。冬至是一年中白昼最短的一天，从头到尾走完一条集市小街，天色就暗了。

夏至落雨做重梅，小暑落雨做三梅。

释义：如果夏至那天下雨，就要有二次黄梅；如果小暑那天

下雨，则要有第三次黄梅。

夏至入头九，扇子长握手。

释义：夏至是二十四节气之十，在阳历 6 月 22 日左右，从夏至日数到第九天起，通常是一段夏秋最热的时期，扇子一刻也离不开手（过去没有电扇、空调，扇子是最好的降温工具）。

小暑大暑，上蒸下煮。

释义：农历小暑到大暑这段时间，是一年里最热的季节，人们犹如被蒸煮的食物一般苦熬度夏。

小暑起燥风，日夜好天空。

释义：小暑节前后一个时段内，刮东南风，主晴。

小暑西南风，三车都勿动。

释义：小暑前后，西南风和东南风的交汇机会多，主雨，年成歉收，风车、轧车、油车都不动了。

小暑热嘞透，大暑凉飕飕。
小暑一声雷，倒转做重梅。
小暑热得透，大暑冷飕飕。

释义：小暑那天若非常热，气温在高温线以上，到了大暑时节，天气一定能凉爽起来。在梅雨过去以后，如果小暑节气出现打雷的情况，则梅雨又会倒转过来，这就是所谓的"倒黄梅"，闷热潮湿的天气又要再来一次。

小暑交大暑，热来无钻处。

释义：小暑交大暑，正是农历七月下旬天气最热时，无怪人闷热难受了。

大小暑猛日头，晒开脑壳头。

释义：大小暑时节的阳光特别厉害。脑壳头：前脑。

八月蚊生牙，九月蚊生角，夏至无蚊到立秋。

释义：蚊子在盛夏高温下不易生存，农历八月中旬花脚蚊子反而攻击性强，凶狠异常。

立秋西瓜被被秋，八月十六度中秋。

释义：宁波习俗立秋时节家家户户要吃西瓜、脆瓜等消暑，俗称"被秋"，据说可驱除暑热、排心火。

立秋处暑，上蒸下煮。

释义：立秋，一般被认为是秋天的开始。然而，无论是气候特征，还是人们的感受，这时都还不能算是真正的秋天。此时由于盛夏余热未消，白天气温仍然很高，加之时有阴雨绵绵，湿气较重，天气以湿热并重为特点，立秋处暑，指的是从立秋到秋分

的时段，俗称为"秋老虎"。

处暑晴，霜雪早来临；
处暑落，霜雪迟半月。

释义：处暑节令如果天晴，则这一年霜雪落得早；如果这天下雨，则霜雪要比往年迟半个月。

秋分白米米，晚稻谷穗齐。

释义：到了秋分，晚稻都抽穗了。

白露秋风夜，一夜冷一夜。

释义：白露后夜里多秋风，天气一夜比一夜冷了。

白露白米米，秋分稻头齐；
秋分弗抽头，割割喂老牛。

释义：粳稻在白露时节开始抽穗开花，到秋分时稻穗全部出齐，如果那时还不抽穗，就没有收获了。

白露身弗露，赤膊当猪猡。

释义：到了白露时节，天气凉了，一般要穿上衣服，不能像在三伏天那样脱衣赤膊。动物在这个时候也已经褪毛结束在长新毛了，只有猪身上还是光溜溜的。如果有人还是赤膊，那就只能把他当作猪啦。猪猡，宁波方言，指猪。

白露身不露，寒露脚不露。

释义：进入寒露后，就不能再"秋冻"了，夜晚温度将会降得更低，因此要特别注意保暖。不能赤脚，以防凉气侵入体内。

立冬晴一冬晴，立冬落一冬落。

释义：农历十月中旬立冬天气晴，今年冬天可能以晴天居多，反之以雨水居多。

冬至大如年，皇帝老倌要过年。

释义：冬至又称为"冬节"，民间习俗认为不必等到春节，吃过冬节汤圆就表示增加一岁。并且古人认为冬至适逢阴阳交替时刻，是阴（夜）气盛极转衰，阳（日）气刚要萌生的时刻，是冬尽春来的前兆。因此，古人非常重视冬至这个节日。老倌，指老大哥。

冬至止短，夏至止长。

释义：冬至这天白天最短，以后渐长。夏至这天白天最长，以后渐短。

冬至多风，寒冷年丰。

释义：冬至有风，这一年会很寒冷，而且次年是个丰收年。

冬至大如年。

释义：冬至俗称小年夜，旧时冬至日宗祠设供，各家做羹饭

祭祖，吃冬至汤果，故有"冬至大如年"之说。

冬至五色天，明年保丰收。

释义：冬至那天如果天上出现五色彩云，就是来年可以丰收的征兆。

冬至青云从北来，定主年丰大发财。

释义：这是讨口彩。冬至这天有青云从北方飘来，第二年可以获得丰收。

冬至百六是清明。

释义：冬至和清明两个节气日之间，虽然隔了一个年，但仔细一推算，期间相隔只不过是一百零六天左右。

冬至月头，卖牛买被；冬至月底，卖被买牛。

释义："冬至"在月头，这样就有农历十一月和十二月两个月的寒冷天气，所以人们感到冬天似乎特别寒冷，时间特别长，故要"卖牛买（棉）被"了。"冬至"在月尾，天气寒冷的时间只有一个月，所以，人们就会感到这年的隆冬时间比较短，因此要"卖（棉）被买牛"了。

大寒不寒，牛马不安。

释义：指深冬天气暖和，说明来年春季病菌滋生，牲畜多病。

物象物候篇

狗吃水天晴，猫吃水天落。

释义：狗到处找水喝，天气很可能要晴，猫寻水喝天气可能要下雨。

困猫脸朝天，雨水日夜连。

释义：睡觉中的猫脸儿朝着天，预示着天气可能连日有雨。

狗猫换毛早，冬季冷嗖早。

释义：狗猫等哺乳动物夏天一般会褪去原来的毛，到秋冬长出新毛，如果当年换毛时节早，预示着入冬较早。

耕牛田畈跑，天气一定好。

释义：春耕时节，耕牛放在田畈上，牛儿撒欢四处奔跑，说明未来几天天气以晴为主。

牛尾指西，天气晴；牛尾指东，大雨临。

释义：据说牛不喜欢面对大风，喜欢把尾巴夹起来。它类似于一个迟钝的风标，当它的尾巴冲着强劲的西风时，天气晴朗；尾巴冲着东方，指示风在低压中心以逆时针方向旋转，雨可能就要来临。

狗要水喫，天要雨落。

释义：狗感觉干渴，想喝水，预示着天气将要下雨。喫，吃喝的意思。

狗泡水，天将雨。

释义：大热天如果狗喜欢泡在水里享受一下凉快，说明天气有变化，会有一场持续的阴雨天。

猪拖草，寒潮到。

释义：猪仔在猪圈内把草衔来铺在睡觉的地方，说明寒潮马上要来到。

猪拖稻草，天要下雨。

释义：潮湿的雨天将到来时，猪能感受到天气的变化。

蚂蚁上桌面，大雨在眼前。

释义：蚂蚁钻出巢穴，一直爬到桌面上，预示着不久之后有大雨降临。

蚂蚁爬上树，就要做大水。

蚂蚁爬上树，大水没上柱。

释义：蚂蚁向大树上爬，表明天气要下雨，而且雨量不小，也有可能会发生洪水。

蚂蚁爬上墙，大水窗门涨。

释义：蚂蚁上墙向高处爬，可能不久就要大雨降临洪灾将至。

蚂蚁搬家报雨淋，蜘蛛织网报天晴。

释义：蚂蚁忙着搬家，预示不久便会有大雨降临。细雨中蜘蛛忙着织网，说明天将放晴。

蜘蛛幽网中，勿雨也有风。

释义：一般蜘蛛织好网后就躲在角落里，只要昆虫一触网它就迅速出击，捕获猎物，若蜘蛛伏在网中不走开，说明当天不是有风便是有雨。幽，躲藏的意思。

蜘蛛结网，久雨必晴。

释义：由于下了很久的雨，蜘蛛无法结网捕食，如果看到蜘蛛爬出来结网，说明天气很快就转为晴天。

蟑螂乱飞，有阵雨。

释义：蟑螂对气候变化的敏感性很强，如果夜间看到蟑螂飞

来飞去，说明天气发生变化，将有降雨。

蜻蜓夹头飞，大雨在眼前。蜻蜓飞嘞低，大雨在眼前。

　　释义：若看到很多蜻蜓低飞，说明大雨马上就要降临了。

蜻蜓高，谷子焦；蜻蜓低，一把泥。

　　释义：蜻蜓飞得高，预示天气晴朗；蜻蜓飞得低，预示即将下雨。

蜜蜂迟迟归，雨来风也来。

　　释义：蜜蜂出去采蜜迟迟不回巢穴，预示大风大雨即将来临。

雨中蝉鸣，预报天晴。
蝉鸣雨中天将晴，蜻蜓群飞雨要临。

　　释义：知了在雨中还拼命鸣叫，暗示天将由雨转晴。若蜻蜓在低空成群结伴而飞，不久将有大雨降临。

蚊虫聚堂中，明朝风雨到。

　　释义：蚊子在明堂里成群飞舞，预示着天要下雨。

蚊虫叮人凶，天气将变坏。

　　释义：春天或夏天连续阴雨天到来之前，蚊子成群出动，吸食人的血液。

苍蝇呆牢牛背脊，出门捞伞来勿及。

释义：苍蝇死死地攀附在牛的脊背上，预示着马上要下雨了，连拿伞的时间都不够了。

蚯蚓地上爬，落雨乱如麻。

释义：蚯蚓钻出地面，在地上爬行，说明当时湿度很大，快要下雨了。

泥鳅跳，风雨到。

释义：指水底的泥鳅跳出水面，说明天气要变化，要刮风下雨。

泥鳅跳，大雷前脚后跟到。

释义：泥鳅一跳，雷就会跟着来，大雨也会随之而来。前脚后跟，表示挨得很紧。

泥鳅上下游，大雨在后头。

释义：夏天暴雨来临前，泥鳅会出现上下乱窜的情形。

蚂蟥浮水面，落雨也勿远。

释义：蚂蟥钻出水底，在水面上浮游，说明马上就要下雨了。

蚂蟥沉水底，天晴不用疑。

释义：蚂蟥沉入水底，不再露面，天气就要晴了。

蚂蟥过田塍，大雨淋煞人。

释义：蚂蟥也会"天气预报"，如果看到有蚂蟥从水稻田里爬到田塍上来，那就预示着大雨将要来临。

田螺浮水面，风雨在眼前。

释义：夏天时雷阵雨前夕，田螺往往爬出水面。

清明田鸡叫，惊蛰黄莺唱。

释义：农历二月下旬清明时节，青蛙一般会在田野间到处鸣叫求偶。农历正月惊蛰时节黄莺已经在枝头间高声欢唱。

田鸡起劲叫，落雨看明朝。

释义：出现青蛙叫个不停的情况，表明第二天就会下雨。

蛤蟆夜夜噪，雨水就要到。

释义：如果青蛙和蛤蟆一段时间里每天到夜晚就不停鸣叫，说明将有大雨降临。

青蛙成群叫，大雨要来了。

释义：青蛙成群结队在池塘里、河里鸣叫，不久就会有雨水降落。

青蛙聚成篷，大雨要倾盆。

释义：许许多多的青蛙围聚在一起，不久就会有大雨降临。

龟背湿，雨在即。

释义：乌龟背是湿漉漉的，那是即将下雨的征兆。

蛇上路，雨落苦。

释义：蛇在行道上窜来窜去，预示着雨可能下个不停。

山戴帽，蛇过道，蛤蟆唱，雨来到。

释义：山上云低雾绕，蛇从道路上匆忙爬行，蛤蟆咕咕鸣叫，预示着大雨就要降临。

鲤鱼跳龙门，大雨背后跟。
鲤鱼跳龙门，大雨后头跟。

释义：若河里的鲤鱼老是跃出水面，说明气压很低，不久就有大雨降临。

鱼跳水面有雨象。

释义：天气闷热，鱼跳出水面，表明天将下雨。

谷雨一到水变暖，乌鲤产卵水里转。

释义：谷雨一到，水温升高，到了乌鲤鱼产卵的季节，这时乌鲤鱼就会在栖息的水域里不停地转悠。

日头落山，田螺摆摊。

释义：白天田螺栖息在稻根草茎下，太阳下山后出来觅食。摆摊：形容遍地都是。

草木知节气，鸟鸣报农期。

释义：春天一到，青草发芽，树枝吐绿，节气已到，鸟类对季节十分敏感，如布谷鸟能报春，催人们播种下田，春播要开始了。

久雨闻鸟声，不久天转晴。

释义：在久雨之后若听到鸟鸣之声，预示着天气即将转晴。

鸟儿飞嘞高，天气一定好。

释义：大批的鸟儿在高空自由飞翔，说明当天肯定是个好天气。

燕子贴地飞，阴雨在眼前。燕子飞嘞低，大雨在跟前。

释义：燕子如果贴着地面低飞，天即将下雨。

燕子低飞蛇过道，不久大雨就来到。

释义：燕子飞得很低，蛇从道路上匆忙爬行，说明气压很低，预示着大雨马上要来了。

三月三燕子到，九月九燕子逃。

燕来不过三月三，雁走不过九月九。

　　释义：小燕子在春天的农历三月三以前已经都前来北方了，大雁在农历九月九以后都飞到南方去了。

九月雁门开，雁头带霜来。

　　释义：农历九月万类霜天时，大雁披霜南归。

九月初一雁门开，大雁脚下带霜来。

　　释义：九月初一起，大雁就开始南飞迁徙，大雁一旦南飞，就要下霜了。

群雁南飞天将冷，群雁北飞天转暖。

　　释义：大雁夏天生活在北方，冬天生活在南方。秋分过后，雁飞离北方，向南飞去，表明秋去冬来"天将冷"。春分前后，它从南方飞来，再往北方飞去，表明冬去春来"天转暖"。

海鸥飞上崖，台风将来到。

　　释义：海面上飞翔的海鸥向崖壁上飞，说明海上已有风暴，不久台风将要登陆。

雨天乌鸦叫，天气要转晴。

释义：下雨天乌鸦仍旧不停鸣叫，预示着天气将要转晴了。

老鸦成群洗澡，必有大雨来到。

乌鸦成群洗澡，大雨就要来到。

释义：乌鸦成群结队忙着在小河、小溪边洗浴，说明天气有变，马上就要下雨了。

乌鸦成群吵，寒潮马上到。

释义：乌鸦成群在天上飞并吵叫着，可能寒潮马上就要降临。

鸦浴起风，鹊浴落雨。

八哥进浴池，就要断风雨。

释义：乌鸦洗澡表示天将起风，喜鹊洗澡表示天将下雨，八哥洗澡则天气将放晴。

雨天鹁鸪叫，天气要转好。

释义：下雨天，鹁鸪鸟在雨中鸣叫，说明雨将停，天要晴了。

斑鸠叫要落雨，麻雀叫天会晴。

释义：斑鸠不停地鸣叫，预示着天雨将至，而麻雀叫则刚好相反，天将放晴。

麻雀屋檐吵架，天雨快要落好。

释义：下雨时麻雀躲在屋檐下鸣叫，说明雨将止，天将放晴。

愁水鹁鸪，晴叫晴，雨叫雨。

释义：据说鹁鸪晴天叫是愁不下雨，水少，雨天叫又愁水多。

鸡宿早天必好，鸡宿迟天必雨。
鸡早进笼天气好，勿肯进笼雨天到。

释义：鸡早早地进鸡舍休息，预示着天气晴好。而气压低鸡舍潮气重，导致鸡不肯进笼，可能天气要下雨了。

公鸡高处鸣，雨停天要晴。

释义：大公鸡站在高处放声啼鸣，预示着雨就要停了，天气将转晴。

鸡鸭出笼早，当天雨就到。

释义：天刚拂晓，鸡鸭急着出笼，这是空气沉闷，气压低的缘故，马上要下大雨了。

水底见青衣，雨点在眼前。

释义：因气压和湿度的关系，雨前小溪小河水质会变清。如水底的青衣能看到，则预示着不久就要下雨。

青苔浮水面，有雨不太远。

释义：在春夏天气连续干燥时，如果池塘或湖泊边上忽然浮现大量的青苔，说明一两日内必定会有一场持续几日的雨。

胶菜卷心，将有雪下。

释义：冬日里如果大白菜的叶片都卷曲包裹起来，说明寒冷的雨雪天气即将到来。

竹子开花旱年来。

释义：竹以地下茎无性繁殖，唯临枯死或水、旱、虫害肆虐时方可开花。因此竹子开花意味着干旱降临。

立春红梅开，雨水青梅开。

释义：立春和雨水，分别是红梅和青梅绽放的时节。

风静天热人又闷，有风有雨弗用问。

释义：如果天热风停人感觉气闷，风雨就要来到。

若要晴，望山青。

释义：远望山头看到山有青色意味着天会转晴。

天黄有雨，人黄有病。

释义：天色发黄是大雨的前兆，民谣有"日发黄，大雨打崩塘"；而人的肤色发黄是得病的征兆。

盐毵还潮，阴雨难逃。

释义：如果盛盐的陶罐外面潮湿，说明空气湿度高，天将阴雨。

瓮穿裙，大雨淋。

释义：瓮这种日常用具的表面有一层光滑的釉，如果空气中的水汽含量很高，那瓮的釉面就会凝结一滴滴的小水珠，说明天快要下大雨了。

石板还潮，阴雨难逃。

释义：石板还潮，是因为空气中湿度较高，那就很容易形成阴雨的天气。

鹞孟横横响，天日日日长。

释义：戏谑语，意思是在风筝的歌声中，春天一天比一天长了。甬语称风筝为鹞子，"鹞孟"是用纸或者竹片做的风筝发声器。横横：拟声词。天日：白日。

灶烟往下滚，不久雨来淋。

释义：由于空气潮湿，经常生火的炉灶里的烟不能从烟囱排放出去，预兆未来十数天内将是连日的绵绵阴雨天气。

烟成蓬，天气晴。

释义：由于地表上升的强热气流把烟尘弄得四散开去，所以天气就显得晴朗而不迷蒙。

天气阴不阴，摸摸老烟斗。

释义：这句是对抽旱烟筒的农夫而言，如果空气潮湿，光滑的烟筒杆摸起来就会有滑润的感觉。

农业农事篇

若要种好田，要懂三分天。

　　释义：想要做好农民，需要知道三分天时，古人说种田靠天，只有识天的农民，才能种好庄稼。

种地人有三看，看天看地看苗。

　　释义：以种地为生的农民每天出门到田头劳作，要学会三看：看天、看地、看苗，秧才能获得丰收。

日晴夜雨好年成，气煞多少懒惰人。

　　释义：日晴夜雨的天气对农作物生长有利，为丰产丰收打下良好基础。

晴夜雨好年成，三晴两雨田畈青。

　　释义：日晴夜雨对农作物生长有利，是丰产丰收的基础，三日晴两日雨，这样的天气对草木萌发有利。

春雷一声响，万物都生长。

　　释义：春雷一响，万物复苏，春天来了，大地开始暖起来，万物重新焕发生机，欣欣向荣。

雷响芒种前，丰收在眼前。

释义：农历五月上旬芒种时节天空响雷，之后可能风调雨顺，作物有望丰收。

梅季天响雷，稻大勿用愁。

释义：梅雨季节天空打雷，说明气候温热，水稻长势良好。

廿亩水稻廿亩棉，种田就可少靠天。
廿亩棉花廿亩稻，晴也好，落也好。

释义：棉花是旱地作物，喜欢干燥，天气晴一点对其生长有好处，一般少雨年份，能丰产丰收。而水稻却喜欢湿润，多一点雨水对其影响不大。这两种作物都种一点，种田人就不怕天气变化，久旱久雨都有收成了。

西风冷雨种田，勿如洗脚盖被。

释义：种早稻的时候，如天刮西风还飘着雨，这时种的稻，肯定生长不良，还不如在家好好休息，待天气好后抢晴种田。

日吃太阳，夜吃露水。

释义：白天太阳晒，光合作用好，夜里又有露水滋润，对农作物生长特别有利。

无冷无热，五谷弗结。

释义：一年中，天气起伏变化不大，该热时不热，该冷时不冷，这样的天气反而对农作物生长不利，不大可能获得丰产丰收。

一季早，季季早，十年稻麦九年好。

释义：稻和麦只要气温合适，种得早一点更好，下种早了，分蘖早了，成熟也早了，收成就好了。

番薯天旱产量高，歉收年口能肚饱。

释义：红薯在天气干旱的年份，产量比一般作物要高，歉收年份有红薯也能填饱肚子。

春菜夏瓜秋萝卜，冻葱旱蒜雨水菜。

释义：春天是蔬菜生长的最佳时节，夏天是瓜果的旺盛期，秋天是萝卜生长的黄金季节，葱不怕寒冷，蒜不怕干燥，叶菜最喜欢雨水。

日夜温差大，番薯大嘞快。

释义：白天和夜晚的温差大，能促进红薯快速生长。

晴天种稻好，稻苗成活早。

释义：抢晴天去移栽，对稻苗成活十分重要，晴天移栽的稻苗成活早，返青快。

稻怕午时风，树怕根头动。

释义：水稻生长期间最怕中午时候的热风，午时风对其生长不利。树木最怕移栽，根动了，就不能很好地吸收土壤中的水分和养料，对其生长带来不利影响。

西风冷雨壅晚稻。

释义：西风冷雨为晚稻生长创造了良好环境，可以促进晚稻增产。

早稻水要浑，晚稻露要重。

释义：早稻田里的水浑浊一点更有利于它的生长，而晚稻露水重一点对谷粒长得饱满更有利。

人在屋里热得叫，稻在田里开口笑。

释义：三伏天，天气炎热，人们躲在屋里，艰难度夏，水稻却因高温多雨而长势良好，丰产丰收。

天闷湿度大，稻田病虫多。

释义：天气闷热加上湿度大的时期，是水稻田病虫高发期。

雨打正月廿，棉花勿上担。

释义：正月二十有雨，预示今年棉花收成因气候而变差。

六月初一响雷，田里棉花剩根梗。

释义：农历六月初一这天打雷下雷雨，对棉花生长不利。如果气候多变，雷雨较多，棉花将会落叶落果，只剩下棉花梗了。

麦出头晒须，稻出头需水。

释义：麦出头最好是晴天，太阳晒着麦须，稻出头则需要稻田有水，能抽穗灌浆。

麦怕夜夜雨，稻要三伏天。

释义：长时间下雨，对喜旱的麦子生长非常不利。三伏天比较炎热，又潮又湿，雨水多，有利于水稻生长。

雨水种芋艿，长嘞特别快。

释义：雨水之季是种芋头的最佳时间，因为土壤湿润更适合芋头生长。

久旱久涝，病虫要到。

释义：天气长时间不下雨，或者突然连下几天雨，农作物就容易得病生虫。

大旱勿过七月半，晒煞禾苗用豆补。

释义：若天气干旱，一连几月都是晴天，到了农历七月半定能降大雨，这时若稻苗晒死了，田里应连忙补种黄豆，还可以有些收成。

芝麻不怕旱，顶怕雨水浇。

释义：芝麻喜欢干燥的生长环境，最怕雨水当头浇灌，旱一点反而有利于它的生长。

雨后削削田，就像上次肥。

释义：雨后天晴，田要结皽，若在这时能松土中耕、削田除草，其功效好比是给庄稼施了次肥。

草籽田里开深沟，落雨落雪勿用愁。

释义：在草籽田里要开出深沟，防止积水，影响草籽的生长。草籽田里开挖出深沟，易于排水，落雨落雪也不用愁了。

背阴石榴，向阳梨，桃南杏北李随便。

释义：种石榴可以在阴坡，种梨应在向阳的地方，种桃树要在南坡，杏树要栽在北坡。李树没什么要求，可以随地而种。

冻勿死葱，旱勿死蒜。

释义：葱是耐寒作物，在冬天的寒风中，依旧能长势良好。大蒜是耐旱作物，干燥一点的环境，它依然能生长。

潮田油菜大，燥田麦子多。

释义：潮湿一点的田地，油菜生长得好，而干燥一点的田地对麦子生长更有利。

向阳种茶树，阴山栽竹子。

释义：向阳的山坡适宜种植茶树，阴坡则可以种植竹子。

早雷过昼中午雨，挑着便桶回屋里。

释义：早上响雷了，中午以后一般都要下雨，要浇田的农民可以挑着便桶回家了。

春天被虫咬一口，秋天收成差一斗。

释义：在春天作物生长的时候，作物如被病虫害侵袭，到秋天收获时就会减产。

春打六九头，麦稻必有收；春交五九尾，家家吃白米。

释义：立春也称"打春"，就是冬至数九后的第六个"九"开始时，所以有"春打六九头"之说。六九前交春，当年麦稻会有丰收。而五九尾交春，则当年年成不好。

正月落雨麦生病，二月落雨麦要命，三月落雨麦送命。

释义：麦子是一种旱地作物，农历正月连续下雨，麦苗就要生病；农历二月连续下雨，对麦苗伤害更大；农历三月连续下雨，麦苗就会霉根而死。

正月耕田是块金，二月耕田是块银。

释义：正月里耕田能冻死虫害、疏松土质，其价值和金子相

似。二月再去耕田，其作用和价值就会打些折扣。

正月初二日头出，棉花正年收成足。

释义：正月初二这天如天气晴朗，阳光普照，这年的棉花产量一定较好。意思是开春气候以晴为主，对棉花生长有利。

正月二月不可荒，三月四月不可黄。

释义：席草地正月二月不能长杂草荒田，三月四月席草苗不可发黄，必须及时追肥。

正月种竹，二月种木。

释义：正月里种竹子成活率较高，二月是种树的大好时节。

正月种树满山青，二月种树半山青，三月种树一场空，四月种树倒赔本。

释义：正月是种树的最佳时节，无论是常绿树还是季绿树，成活率都很高。时间越往后推移，天气越热，种树的成活率会随之降低。到了农历四月天气已经很炎热，如果再去种，恐怕连树苗成本都收不回了。

正月种茶用手捏，二月种茶用脚踏，三月种茶难成活。

释义：正月种茶树只要一下种用手把土一捏就能成活，二月种茶需要用脚把泥土踏实才能成活，三月再去种茶树就难以确保成活。

有米无米，但看二月十二。

释义：农历二月十二这一天的天气状况非常关键，事关全年的收成。

二月立春雨水连，积肥选种莫拖延。

释义：立春和雨水两个节气日来临，说明下秧的时间接近了，这时应抓紧时间做好积肥和选种工作，为培育壮秧打好基础。

二月春风桃花发，种田人家要忙煞。

释义：农历二月桃花开始现蕾绽放，种田人开始要每天到田头进行辛勤的劳作。

二月清明沿街摆，三月清明没笋买。

释义：清明若在农历二月下旬，毛笋是大年，笋沿街都是。清明若在三月初，毛笋是小年，产量就会很少。

三月席草封行，四月打脑见光。

释义：农历三月是席草封行的时节，到了四月就要打草脑透光，这样才有利于它的生长。

桔子三月种，背犁快如风。

释义：到了农历三月份才去种桔子，已错失最佳栽种时间，种桔子的人背犁干活须像一阵风似的快才好。

三月清明早下秧。

释义：清明前后，农民要抓住时节，早点完成插秧工作。

种树造林莫过清明。

释义：清明前后，春阳照临，春雨飞洒，种植树苗成活率高，成长快。

三月三午前青蛙叫田稻好，三月三午后青蛙叫渔汛好。

释义：农历三月三前后青蛙在中午前呱呱大叫，则当年稻谷长势良好；农历三月三前后青蛙在中午后呱呱大叫，则当年渔业会有好年成。

四月初八晴，旱地种水稻；四月初八落，水田能晒谷。

释义：农历四月初八天气晴朗，之后的日子可能降雨较多，连旱地也可以种水稻了。反之若下雨，之后的天气可能以晴天居多。

四月初八出日头，麦子能种高山头。

释义：农历四月初八那天天晴，再高的山上也可以种植麦子。

五月不摇扇，早稻头不齐。

释义：农历五月天气已经渐热，若此时天气还不热起来，将对早稻生长带来不良影响，甚至连稻穗都抽不齐整。

六月种芝麻，脑头开朵花。

　　释义：农历五六月份才种下芝麻，已错过最佳栽种季节。芝麻开花成熟时只会顶部开花，大大影响产量。

六月无太婆，双夏无破箩。

　　释义：农历六月双夏时节，农村里人人都忙于干农活，抢收抢种。这时没有闲人，为了盛谷子，连破箩筐也用上了。

六月热五谷结，六月不热五谷难结。
六月天勿热，五谷都不结。

　　释义：农历六月是一年中天气最炎热的季节，若这时天气不热，作物吸收光照和热量不够，对生长带来不利影响，五谷产量就不高。

六月瓦片晒嘞翘，勤力给懒笑。

　　释义：农历六月连瓦片都被晒得四角翘起，说明天气极度干旱，勤劳的人多中耕削田，把盖在上面的表土削动，容易使土壤中的水分蒸发，反而不利于农作物生长，所以勤劳的反而被懒惰的嘲笑了。

六月初头雨水多，青菜田里害虫多。

　　释义：农历六月初如多雨，种在田里的青菜容易滋生虫害。

六月盖被，有谷没米。

释义：农历六月如果天气不炎热，水稻日照不够，种下去的稻可能收获的多是秕谷，产量很低。

七月枣八月梨，九月柿子黄表皮。

释义：农历七月是枣子成熟的季节，八月是梨收获的时节，到了九月柿子表皮渐渐变黄，可以收获了。

七月小暑连大暑，中耕除草不失时。

释义：旱地里的夏秋作物，在小暑大暑来临之时，一般都要中耕除草，使土壤透气，促进作物生长。

八月阴雨棉桃烂，八月风凉棉桃赞。

释义：农历八月棉桃现絮时，如果连日阴雨，棉絮就要烂在杆上，反之如天高气爽，棉絮质量好，也能高产。

八月雨水落满地，抢雨种菜在田头。

释义：农历八月以后是抢种蔬菜的最佳时间，趁雨栽种能提高产量。

八月雨纷纷，番薯好长藤。

释义：农历八月份雨水充沛有利红薯生长。

八月苋菜有吃有卖。

释义：农历八月苋菜生长旺盛，除了自家吃，尚可出售。

八月半，芋艿挖挖开；九月半，芋艿剩一半。

释义：是说农历八月中旬芋头初上市，九月中旬地里的芋头已经有一半供应市场了。

八月乌，烂花箶。

释义：农历八月天气若是阴天多雨，棉花容易烂桃导致减产。

七月十五见红花，八月十五定收成。
处暑见新花，八月十五旺收花。

释义：中秋时节是棉花的收获季节。

九月重阳一道雾，田里晚稻要烂腐。

释义：农历九月重阳那天起雾，说明天气不够稳定，以多雨天气为主，晚稻可能要烂在田里了。

十月白露霜降到，摘了棉花收晚稻。

释义：白露过后霜降到，这时棉花已经摘完，正是收割晚稻的时候。

十月小阳春，种果株株盛。

释义：农历十月天气渐渐由暖转凉，和阳春三月相似，是种植果树的最佳时节。

十月有个小阳春，南山出现二度笋。

释义：农历十月天气回春，向南的山坡上就会有竹笋二度萌发，破土而出。

立春雨水两相连，冬春作物早施肥。

释义：到了立春和雨水时期，春花作物一定要施好早春肥。

只要立春晴一日，耕田不用牛气力。

释义：一年之计在于春，立春那天如果天气晴好，春耕起畈田就松软了，牛儿耕田就可以少用力气了。

春分杨柳叶，好做尼龙秧。

释义：春分时节，天气转暖，柳树抽叶，然而冷空气时不时来侵袭，却是做尼龙秧最好的时节，及时播种育秧可以提高产量。

春雨成河，麦收不多。

释义：春天雨水多，俗话说叫烂春，对麦的根系生长不利。因麦喜欢干燥，所以要开沟排水，避免麦根霉烂。

麦过春分日夜长，春分清明好下秧。

释义：春分一过地气转暖，是麦拔节的时候，如果早期基肥施得足，秧苗就会昼长夜壮。

春天施肥一层衣，冬天施肥似盖被。

释义：春天到了才去给春花作物施肥，为时已晚，就好比给作物穿了一件单薄的衣服。若在冬天已经给作物施足肥，效果更好，就好比给作物盖上了棉被，更有利于其生长。

春天雨三场，秋后满仓粮。

释义：春天到来雨水丰沛，充足的雨水使春花作物茁壮成长，丰产丰收。

清明前后，种瓜种豆。

释义：清明前后是种瓜种豆的大好季节，这个时候气温适宜，种下的瓜豆能及时收获，生长良好。

清明热嘞早，早稻年成好。

释义：清明前后到谷雨，正是早稻育秧的季节，由于气温温和，对秧苗生长有利，不会被冷空气冻坏，壮秧半年稻，秧苗苗壮了，插在田里返青快，分蘖早，能提高产量。

瓜要结嘞大，清明前种下。

释义：瓜要结得大，就必须在清明前种下。此句谚语点明了清明前是瓜种播种的最佳时节。

清明谷雨两相连，浸种耕田莫迟延。

释义：清明前后，天气转暖，宁波的农民该抓紧浸种、耕田了。浸种，是指浸泡种子。

麦怕三月寒，更怕清明雨。

释义：农历三月麦尚嫩，这时若有寒潮侵袭，将会给麦苗带来不利。清明时节连日下雨，麦子就要出现霉根，对生长大为不利，须开沟排水。

麦怕清明夜夜雨，稻怕寒露夜里霜。

释义：清明前后若雨水连连，对麦苗生长将带来不良影响。寒露前后的霜，对水稻生长不利，使水稻生长受到影响。

清明天晴早稻好，谷雨落雨谷子壮。

释义：清明时节若天气晴好，对早稻生长有利。谷雨时节雨纷纷，对稻谷生长有利，能促使谷子粒粒饱满。

清明南风稻苗壮，清明北风禾苗黄。

释义：清明时节若常刮南风，未来的天气将对水稻生长有利，反之若常刮北风则不利。

清明断雪，谷雨断霜，若要庄稼好，下秧要趁早。

释义：清明到谷雨这段时间，天气逐渐转暖，必须抓紧时间插秧育苗。

苦楝树果吊过年，早稻甩过地塍。

释义：苦楝树果若一直挂果至第二年立春，这年的气候条件对农作物生长有利，暗示来年可能是个丰收年。

清明早，立夏迟，谷雨种棉正当时。

释义：清明太早，立夏太迟，谷雨时节种棉花刚刚好。

清明雨水多，毛笋满山坡。

释义：清明前后雨水丰沛，促使土壤湿润，满山坡的竹笋纷纷破土而出。

清明种六谷，处暑好收起。

释义：早季六谷要在清明前后下种，到了处暑时节就可以成熟收获。

雨落清明前，倭豆满杆有。

释义：清明节前雨水恰到好处地降落，能促使蚕豆拔节开花，到了清明方可结荚生豆丰产丰收。

种树造林，勿过清明。

释义：植树造林一般都在清明前的农历二三月份，过了清明再去植树，成活率就会降低。

清明刮南风，田里禾稻丰。

释义：清明那天刮起南风来，可能当年的气候有利于水稻生长，有望获得丰收。

清明谷雨二相连，起畈拔种莫延迟。

释义：从农历二月下旬清明开始到三月上旬谷雨，是起畈拔种的最佳时间，农民要抓紧农事。

吃了谷雨饭，刮风落雨要出畈。

释义：谷雨过后，农村春忙开始，是抢种早稻的时候，因此不管天晴下雨，还是刮风，都要坚持到田畈干农活。

谷雨种棉花，要多三根杈。

释义：棉花如果在谷雨前种下，及时栽培，在一般情况下就要比谷雨后种下的分杈要多，植株更壮。

动犁谷雨前，勿早也勿迟。
谷雨起畈动犁，时候宜早勿迟。

释义：清明一过地气转暖，到了谷雨气温回升，是耕田起畈的最好时候。

谷雨后立夏前，秧青麦黄菜籽爆。

释义：谷雨后稻立夏前这段时间，大地上稻苗一片碧青，麦子一片黄亮要开镰收割了，菜籽果荚饱满即将爆裂，这时是农民最忙的季节。

谷雨一刻值千金，日夜种田勿能停。

谷雨后立夏前，日夜种田勿得眠。

释义：谷雨至立夏这段时间，是抢种早稻的关键期，如早稻不在这段时间种下，将会大大影响产量。

谷雨起半畈，立夏耕半滩。

释义：农村到了谷雨时节一半的田开始耕了，到了立夏，有一半的田进好水。

谷雨晴，蓑衣斗笠打先行；谷雨雨，蓑衣斗笠高挂起。

释义：谷雨如果是晴天，未来几天可能是阴雨天气，农民外出干农活需带上蓑衣斗笠。谷雨如果是下雨天，未来几天则以晴为主，农民外出干农活无须带上蓑衣斗笠。

若要茶叶好，谷雨采芽早。

释义：谷雨前采摘的茶芽是上品之茶，茶农应该抓住时节，及早采摘茶叶。

立夏小满到，收好春花种早稻。

释义：立夏小满一到，早稻应该抓紧下种，否则错过这个时节，会影响产量。

立夏灌水田勿燥，夏至芽头赶顶草。

释义：立夏时节要抓紧给席草田灌水了，不能让田地干燥，到了夏至时节所萌发的席草草芽就能赶上顶草。

立夏再种瓜，到老不开花。

释义：农历四月上旬再去种瓜，已错过最佳种植时间，到老了都不会开花结果了。

立夏龙须笋，小满正旺潮。

释义：立夏时节，龙须笋开始上市了，到了小满则是龙须笋的旺产期。

倭豆到立夏，一夜一个权。

释义：立夏时节，蚕豆长势喜人。

茶过立夏一夜粗。
立夏茶叶日夜老，时过小满就变草。

释义：茶叶到立夏时节生长旺盛，芽叶老得很快，过了小满就成了一文不值的草了。

立夏落，炒破镬。

释义：立夏落雨，意味着整个茶季湿气重，手工做茶的年代，湿气过重会给茶农增添炒茶成本。

立夏穿棉袄，蚕农哭倒灶。

释义：农历四月立夏时节，若天气很冷还需穿棉袄，桑叶就会长不好，蚕就难以养活，蚕农生活就会成问题。

耕田耕到立夏边，有苗无谷莫怨天。
种田勿过立夏关，过了立夏要减产。

释义：早稻要赶在立夏前种下。过了立夏再去种水稻，会影响早稻的有效分蘖，从而减产歉收。

立夏种田过半滩，小满割麦抢时限。

释义：早稻要赶在立夏前种下，小麦要赶在小满前收割。

立夏勿过节，要息还好息；端午勿过节，田毛要打结。

释义：立夏到了，农民抓紧晴热耘田，促进早稻早发。这个时段，懒惰一点的人还可再拖上几天，但是端午节一过，就必须抓紧干农活了，否则田茅草就要蔓生，要减产减收了。

雨打立夏，无处洗耕。

释义：立夏那天若下雨，之后天气会以晴朗为主，连洗耕的

地方也无处可寻了。

立夏种田金团吃，养蚕小满上山急。

释义：到了立夏时节，农民边吃着金团，边忙着种田下秧。小满前后，蚕农忙着做好蚕儿上山前的准备工作。

苎麻过了立夏节，每日要长一瓣叶。

释义：立夏时节一到，苎麻长枝长叶的旺盛期也到了，若管理得当，苎麻每天可以长出一片枝叶。

立夏不下，犁耙高挂。立夏无雨，碓头无米。

释义：立夏节气当日有雨降临，会为农户们带来很好的收成。反之，当年不会有好收成。

端午晴，烂草刮地塍。

释义：农历五月初端午，天气晴，暗示水稻收割时可能天气不好，稻草要烂在地塍上。

端午落，晒谷晒草放屋角。

释义：端午如果落雨，天气以晴为主，农民晒谷晒草只好放在近屋角的地方，可以随晒随收。

端午落，燥谷燥草好进屋。

释义：农历五月初若天气下雨，可能未来几天的天气以晴朗为主，燥谷燥草能顺利进屋。

小麦过小满，勿割自会断。

释义：小麦一般在小满前就要收割，否则就会失收。麦过分老了，经不起风吹雨打，自己就会断，影响产量。

吹过小满风，草籽留好种。

释义：草籽一般在小满时节完全成熟，因此小满过后，就要及时留好种子。

小满种田已经迟，一担秧苗一担肥。

释义：早稻一般在立夏前后种下，若因故推迟至小满下种，应加强施肥和田间管理，给秧苗施足肥。

芒种才种棉，到头空欢喜。

释义：到了芒种时节才去种棉花，太迟了，即使植株长势良好，到头来结果也会很少，空欢喜一场。

季节过芒种，切勿可强下种。

释义：过了芒种再也不能硬着头皮去下种了，对于秋收作物来说再下种就等于白忙。

芝麻栽芒种，开花节节高。

释义：芝麻如果在芒种前种下是较适宜的，开花就能一节跟

一节，花越开越高，不但生长好，而且产量高。

夏至排谷粒，大暑好吃谷。

释义：早稻在夏至开始孕穗排谷粒，这时的肥水管理十分重要，如肥水管理适中，到了大暑后谷粒金黄饱满，早稻成熟可以开镰收割了。

夏至前浇稻，夏至后浇草。

释义：稻一般在夏至前施肥较好，能促使水稻早发。如若夏至后再去施肥，会使早稻无效分蘖，对产量反而带来不利影响。

夏至勿搁田，无谷莫怨天。

释义：早稻到了夏至，一般要耘田三遍，进行开沟搁地，防止无效分蘖，以提高产量。若早稻在夏至还未开沟搁田，其无效分蘖增多，到头来稻谷不多，空忙一场。

秧苗夏至耘头遍，有稻无谷莫怨天。

释义：夏至已是阳历6月22左右，一般水稻要孕穗排粒了，如果这时还在耘头遍，为时已晚，只有稻草没有谷粒了。

夏至种田前后埭，一头肥料一头秧。

释义：到了夏至再去种晚稻，这个时候先种的和后种的，差别已经不是太大了，先种者返青，后种者发黄，因此后种者须边下种边施肥。

夏至种六谷，有棒没有肉。

释义：六谷一般在芒种前下种，到了夏至时节再去种植，错过了最佳时节，到时收获的只有六谷棒，没有六谷果粒。

夏至种豆，勿论田瘦。

释义：夏至时节及时种下黄豆，就是地差一点，也能有一定的产量。

夏至棉地根边草，好比毒蛇咬。

释义：夏至时节如果棉花根边草没清理掉，危害就会很大，杂草就和棉花争肥、争光、争水，不利于棉花生长。

夏至杨梅满山红，小暑杨梅要出虫。

释义：夏至前后是杨梅的成熟高峰期，杨梅山上一片彤红。到了小暑，杨梅就落市了，掉落枝头，受到虫害侵袭。

三梅三伏，看到稻熟。

释义：宁波地区入梅一般在农历五月初芒种后，入伏一般在农历六月中旬，从三梅三伏到高秋这段时间是水稻的成熟期，过了三梅三伏，水稻就成熟了，

三梅早留秧，寒露能插秧。

释义：农历五月三梅时节，可以留草种育草秧了。农历九月上旬寒露时节，就可以移栽种席草了。

时过三梅三伏，田里水稻成熟。

释义：芒种时节后入梅，三梅三伏直到高秋，田里的稻谷成熟了，要及时收割，防止落粒失收。

头梅棉花发棵，二梅棉花结蕾。

释义：棉花在头梅时节（约农历五月上旬）植株发棵，到了二梅时节（约农历五月中旬）棉株就能结蕾了。

头梅芝麻种，二梅豆下种，三梅赤豆地下拱。

释义：做头梅时芝麻可以下种了，到了二梅时节可以种豆了，而三梅到来赤豆已经发芽出土了。

热黄梅好早稻，冷黄梅好席草。

释义：入梅时若天气较热，一般早稻年成好，高温能促进水稻生长。入梅时若天气较冷，则席草年成好，低温有利于席草生长。

梅草要留，伏草要除。

释义：梅雨季节的席草，可以留作种草。一出梅进入伏季，再好的席草也不能留作种草了。

梅季搁田，无收勿怨天。
梅季不搁田，勿可埋怨天。

释义：入梅时节多阴雨，早稻分蘖已基本完成，这个时候要抓紧开沟搁田，才能促使水稻高产。

梅雨天闷稻枯心，处暑蕾隆稻生病。

释义：梅雨季节，天气闷热、湿度大，水稻容易生枯心病。到了处暑时节，若连续几天打雷下雨，也容易使水稻得病。

黄梅天无雨，一半是荒年。

释义：黄梅时节里雨量较少，对农作物生长不利，影响当年产量。

小暑出头，大暑吃谷。

释义：农历六月初是小暑时节，正是水稻孕穗抽头的时期，一般情况下，抽头后再半月，到了六月中旬的大暑时节，就可以收割吃到新谷了。

小暑好割草，大暑割早稻。

释义：小暑到，席草开始收割了。大暑一到，早稻则要收割了。

大暑前小暑后，抓紧时间种赤豆。

释义：到了小暑，是抢种赤豆的最好时间，一过大暑再种就要减产了，立秋一过再种赤豆则白费功夫了。

大暑日头猛，早稻要抢收。

释义：早稻到了大暑时节，一般都已成熟，农村进入双夏关，到了大暑是抢收的高峰期。

大暑不浇稻，到老谷勿好。

释义：大暑是稻谷结实壮粒的时间，尚需要大量的水分和适量的肥料，若在大暑时能及时灌水浇苗，并施上适量的肥料，能使稻谷穗大粒重，这叫巧施穗肥。

伏天夜雨，稻田施肥。

释义：农历六月中旬进入三伏季节，夜里下场雨好比是给稻田施肥，对水稻生长有利。

伏旱如肥浇，秋旱如火浇。

释义：三伏天干旱一点对农作物生长有利，但是到了秋天还干旱，农作物就会因干旱提早干枯。

三伏天无雨，谷里无米；三伏天多雨，谷多如泥。

释义：热在三伏，三伏不下雨，田里干旱，水稻不能上浆，稻谷多是秕子，有谷呒没米；相反，三伏天多雨，水稻就可丰收，谷子多得如泥土一般。

三伏天落透，稻谷压弯头。

释义：三伏天多下一点雨，有利于水稻灌浆，从而增产增收，稻穗多得压弯了腰。

伏里常刮西北风，田里棉桃九成空。

释义：三伏天时节里，如常刮西北风，对棉花结桃不利，影响产量。

立秋棉花要摘脑，七枝八杈多结桃。

释义：农历七月立秋前后，因棉株成形必须摘掉棉顶脑，促使棉株分杈，从而多结棉桃提高产量。

立秋雨点连，农民心头喜。

释义：立秋过后秋天将至，这个时节一般较为干旱，而此时又是晚稻和晚秋作物生长的关键期，立秋下雨无异为农作物生长解燃眉之急，难怪农民心头乐开了花。

晚稻勿过秋，过秋就不收。

释义：晚稻如在立秋后种下，就要大大影响产量。因晚稻生长期短，天气转凉快，若种迟了，早期就不能很好地生长。

晚稻秋前不搁地，秋后收割叫皇天。

释义：水稻适时搁田很重要，可以防止无效分蘖。晚稻如果

在立秋前不搁出田，秋后收割起来十分困难，产量也很低。

高秋无雨廿日晴，地头农活要抓紧。

释义：若高秋那天，天气晴好，说明气候系统稳定，冷热空气对流较少，在以后的一段时间里也将以晴为主，农民要抓紧作物管理。

处暑根头白，每亩减一石。

释义：处暑是晚稻孕穗抽穗的时候，这时若缺水，稻田晒得发白开裂，稻根露白，就没收成了，谷粒成了秕子。之后再抓紧管理，一切都晚了。

处暑当壅本，白露枉费心。

释义：农历七月下旬处暑时节，是水稻壅本的最佳时间。到了白露时节再去壅本施肥那就是枉费心机了。

处暑一点雨，谷仓一粒米。

释义：处暑时节，稻就要孕穗、抽头，这时的水肥是水稻生长的关键，施上适量的肥和灌足够的水是增产的根本。

处暑浇肥正当时，白露施肥枉费心。

释义：晚稻到了处暑时节，肥水非常重要，要抓紧施肥。若到了白露时节再去施肥，则为时已晚，施了肥也是白费力气，于事无补。

处暑萝卜，白露菜。

释义：农历七月下旬处暑时节，萝卜应该要种下了，农历八月上旬白露时节可以种菜了。

处暑根头摸，一把泥来一把谷。

释义：处暑再到田里去摸摸稻根头，手里多摸"一把泥"，日后收割就会多"一把谷"。

千车水，万车水，勿如处暑一车水。
处暑田里一车水，谷仓里头米一斗。

释义：农历七月下旬处暑时节，是水稻拔节孕穗的关键时期，这时只有给水稻提供做够的水分才能确保丰收丰产。

白露白米米，秋分稻头齐。

释义：说的是一期二期的水稻，圆杆拔节，即将孕穗，到了秋分稻头出来，产量就有了保证。

白露三朝霜，晚稻铺大路。

释义：八月上旬白露时节，连续几天早上有露水，对晚稻生长有好处，为丰产丰收打下基础。

白露白米米，荞麦要种齐。

释义：荞麦到了农历八月上旬白露时节，要抓紧下种，否则要影响产量。

白露不秀，寒露不收。

释义：指农作物白露不开花，寒露就收不了了。

秋分不抽穗，割来喂老牛。

释义：晚稻若在秋分时节还未抽穗，因天气转冷，寒露到来时，稻怕寒露风，因此就不能完全抽穗，秕谷增多，只好割来用作老牛的食料了。

秋分天响雷，米价日日贵。

释义：农历八月下旬秋分时节，若雷电降临，对水稻生长十分不利，会因歉收而米价上涨。

秋分白米米，晚稻谷穗齐。

释义：到了秋分，晚稻都抽穗了。

秋天多雨水，晚稻好年成。

释义：入秋后若雨水较多，对晚稻生长有利，秋后能有好的收成。

秋分六谷不抽头，只能割来喂老牛。

释义：秋分时节玉米还未抽头，一般是生长不好，误了农时，就不出玉米粒了，只能用来喂老牛了。

秋分白露，新棉可织布。

释义：到了秋分白露时节，天气转凉，棉花已经收进，工厂里又可以用新的棉花织布了。

白露花结籽，采种要及时。

释义：白露时节一般树木花谢结果，也是采集种子的最好时节。

稻怕寒露风，树怕根头动。

释义：寒露一到天气渐冷，对喜欢温暖细润环境的水稻来说，生长会受到影响。如晚稻在寒露前还没有扬花结实，在寒露后就不能安全扬花了。树最怕移栽，因在移栽过程中根系会受到破坏。

寒露青脚稻，霜降稻杆倒。

释义：寒露时节，水稻下脚还在发棵，叶色碧绿，到了霜降，稻子成熟时稻杆就会倒地没有收成了。

寒露草籽霜降麦，小麦种在冬至前，大麦可以种过年。

释义：农历九月，草籽可以下种了，麦子一般在农历九月下旬霜降时节下种，大麦的下种期要晚于小麦。

若要草籽生长旺，寒露前后把种拔。

释义：要想草籽生长良好，要及时下种，一般在农历九月中旬下籽为宜。

寒露大地种席草，小暑动刀割草忙。

释义：农历九月上旬寒露时节可以移栽席草了，到了第二年六月上旬小暑时节就可以动刀收割席草了。

寒露一过是霜降，晚稻抢收要进仓。

释义：时到九月中旬，霜降一到，天气将要转凉，天要降霜，晚稻若被霜一打，就要掉粒，随之失收，损失产量。

秋分下草籽，寒露种油菜。

释义：秋分时节一到，一般稻田已经搁硬，是下草籽的最好时候，到了寒露就开始种植油菜了。

寒露油菜，霜降麦，种落就有三分得。

释义：油菜需在寒露前种下，麦子一般在霜降前下种。抓住适宜的时节下种，即使管理不当也会有三分收成。

秋分下草籽，寒露正及时。

释义：秋分一到就可以下草籽种了，一直下到寒露前后几天。如不及时下种，会影响草籽产量。

秋分种落葱，霜降勿落空。

　　释义：农历八月下旬，秋分时节适宜种葱，到了农历九月下旬霜降来临就可以有收获了。

有稻无稻，霜降放倒。

　　释义：到了霜降时节，不论收成好坏，田里的稻子必须全部收割掉。

倭豆不要肥，霜降要落地。

　　释义：霜降前后种蚕豆是最适宜的，即使粪肥施得少一点也能很好地生长。

霜降种豆，立冬种麦。

　　释义：农历九月下旬霜降时节，一般要把豆子种下了，到了农历十月中旬立冬时节，则要把麦子种下。

霜降种草籽，幼苗容易死。

　　释义：霜降草籽下了种，幼苗出土早，生长到了大寒就有可能被冻死。

立冬小雪北风起，倭豆小麦下种齐。

　　释义：立冬至小雪，蚕豆和小麦一般都要完成下种工作，一旦错过这个时节再去种，就不利于这两种作物的生长。

摘橘勿过立冬，整枝勿过惊蛰。

释义：采摘橘子一般在立冬前，立冬一过橘子就可能被冻伤。修剪橘树，一般要在惊蛰时节前完成，否则会因气温升高，导致橘树受损。

大雪一过冬至连，整修水利寻肥源。

释义：寒冬腊月，农户农活较少，是掏河泥积肥的大好时机，掏河泥既可疏通河道，又可堆积肥料，可谓一举两得。

冬至晴，稻草稻谷好上阁。

释义：如果冬至天气晴好，来年的收成会比较好。

冬至压麦田，抵过盖棉被。

释义：冬至一到，是一年中最冷的时候，这时在麦田里施上一些基肥要胜过给麦苗盖层被子。

冬至一到雪花飞，麦子油菜种落地。

释义：冬至前一定要把麦子和油菜种好，否则错过栽种的最佳时间，将大大影响麦子和油菜的产量。

冬至三瓣叶，立夏好过节。

释义：蚕豆到了冬至时节，只要能抽出三瓣叶，说明种的时间很及时，到了第二年立夏就能尝新了。

冬至根边壅河泥，桑树日夜长破皮。

释义：冬至时节若用河泥及农家肥浇灌在桑树的根边，开春时桑树就能日夜生长。

冬至牛碾塘，谷米无处藏。

释义：农历十一月冬至时节，若气温较高，水牛还要到塘水中碾塘，今年定是丰收年，收进来的谷米多得无处储藏。

冬至五色天，明年定丰收。

释义：冬至那天若天气变化无常，一会儿晴，一会儿雨，一会儿又是阴，暗示明年风调雨顺，作物丰收。

冬至种麦，立夏要割。

释义：冬至时节种下的麦子一般第二年立夏收割，立夏是麦子的收割季节。

烂冬油菜燥冬麦。

释义：指冬季多雨油菜长势好，干燥麦子长势好。

冬压如浇，春压如烧。

释义：冬天给大小麦压些杂草如同施肥，而春天再这样就如火烧一般了。

烂冬油菜好，旱冬麦子壮。

烂冬油菜燥冬麦。

烂冬油菜嫩，旱冬麦苗青。

释义：冬季多雨油菜长势好，油菜在雨水滋润下长得又嫩又绿。而对麦子来说，它不喜欢很多水分，干旱一点的冬天让它长势好，长得又青又绿。烂冬，经常下雨的冬天；燥冬，干燥的冬天。

麦苗冬天压，春来能多发。

释义：冬天要用基肥压麦苗，能使麦苗保温、保肥，促使麦根生长良好，一到开春气温回升，就能促进麦苗有效分蘖。

冬勿燥，春勿爆，夏要燠。

释义：席草种下返青成活后，要排水燥田，这样到了大地回春，气温回升时，席草才能发棵，夏至收获才能丰产。

寒冬北风吹，萝卜日夜长。

西北风刮刮响，田里萝卜日夜长。

释义：萝卜是一种耐寒作物，冬天北风呼啸，反而促使萝卜长势良好。

草籽寒冬灰一遍，好似冷天盖新被。

释义：寒冬时节，给草籽壅上一遍灰，既增了肥，又可以保暖，确保草籽安全过冬，到春天能苗壮生长。

冬长根春旺叶，小满过后要留种。

释义：草籽冬天以长根为主，到开春时节气温回升时好长叶，农历四月中旬小满时节就要注意留种了。

冬水油菜命，春水油菜病。

释义：冬天雨水多对油菜生长有利，如若春天雨水多，则对油菜生长不利，排水不及时会使油菜烂根而死。

冬雪好水稻，春雪好鱼草。

释义：冬天下雪能把田里的害虫冻死，对水稻生长有利，而春雪降临则更有利于鱼草生长。

冬天几朝雪，害虫无足迹。

释义：入冬后天冷下雪，对下一年的作物生长有利，地里的害虫都被冻死了。

年内一片白，年外一片麦。

释义：如果过年前下一场雪，小麦开春就长得旺。

老牛难过冬，顶怕西北风。

释义：牛老了体弱多病，最怕冬天里的西北风，所以入冬后，牛栏要做好保暖工作，以免冻伤耕牛。

入冬田塍削白，春寒虫子冻煞。

释义：入冬前把地边的杂草削掉，一来可以削草积肥，二则使越冬害虫失去栖息地而被冻死。

入冬治条虫，夏增万颗粮。

释义：冬季治虫灭病是一个很重要的环节，是第二年获得丰产丰收的基础。

三九三伏，勿冷勿热；田头作物，五谷不结。

释义：三九天和三伏天分别是一年中天气最冷和最热的时期，若这两段时间该冷不冷该热不热，则会影响当年农作物生长，造成减产减收。

海洋渔业篇

天起鱼鳞斑，晒鲞勿用翻。

释义：云体较薄，像鲤鱼鳞片一样整齐排布在天空中，积云的边缘比较明亮，此时天气多以晴好为主。

东北风，浪太公。

释义：即刮台风多为东北风，风暴必然带来巨浪，此指刮东北大风是巨浪之"祖宗"。

平风平浪天，浪生岩礁沿；发出啃啃响，天气就要变。

释义：大海上风平浪静的时候，浪花一般从岩礁边而来。如果海浪发出"啃啃"的声音，天气就可能会变坏。

东风浪淘底，西风浪刨面。
东风海底掏，西风海面刨。

释义：东北风或东风刮得猛，海中会巨浪翻滚、连底淘起，而西北风或西风掀起的只是表层的浪，渔船在海上航行危险性较小。

东风来，浪窜顶；西风来，潮转正。

释义：东北大（台）风掀起的巨浪可以盖过渔船舱面顶，而若刮西北或西风，海面上风浪就减缓，船只行驶潮流也转好。

东风带雨勿拢洋，挫转西风叫爹娘。

释义：东风夹带着雨，这风刮不大，船不必拢洋（回港）；如果东风忽然转为西风，风会越刮越大，船不及时回港就要喊爹叫娘了。

东风漫涌浪如山，挫转西风雨打烊。

释义：刮东风时浪涛涌动汹涌，向外奔腾，向上翻滚，犹如排山倒海一般；如果东风转为西风，则雨过天晴。

南风发一发，心头卤水喝；西风串一半，心头宽一宽。

释义：刮南风说明天气要转坏，而西风吹来，预示着短时间内天气系统稳定。

上山怕虎，落海怕雾。

释义：比喻出海遇雾最险，雾大而不辨方向。

抲渔船，驶顺风。

释义：昔日靠一张篷帆，一支橹作动力的木帆船，航驶全靠自然气象的恩赐，风向、风力和潮流，左右着渔船的航行安全和行进速度。

顺风弹弹缭，省得用橹摇。

释义：航驶中的渔船，乘着顺风，就该"扯篷"行船。

千摇万摇，勿如风篷直腰。

释义：没有风时，尽管渔民也能靠摇橹前行；但摇橹毕竟不如借助风力更为便捷。说明海风对渔民的生产与生活影响深远。

上灯遇风暴，稻花风吹落。

释义：是说正月十三（上灯）到十八（落灯）如果遇上偏北大风，则预示着六、七月早稻扬花或收割的时候会有台风影响。

小潮像大潮，台风随着到。

释义：本该是小潮汛却不小，规模类似大潮汛了，可能台风紧跟着就要来临。

涨潮（时）潮勿涨，渔船莫出洋。

释义：该到了潮水涨上来的时候，却迟迟不见潮涨，说明天气有变，渔船不宜出海作业。

潮水涨，晒白鲞；潮水落，偷鸡吃。

释义：渔业收益无常。渔业要赶潮水，所谓大水潮头、小水

潮头。小水潮头捕不到鱼。晒白鲞，鱼多而可晒鱼干。白鲞，黄鱼鲞；偷鸡吃，指捕不到鱼，为活命而去行窃。

潮流乱，大风来。

释义：海面上的潮流分面流和底隔流两种，面流在上面，每天有两次，东涨西落；底隔流在下层，每天两次向四面八方旋转。这种潮流方向的变动是有一定规律的，如果受台风或大风等影响，从很远的地方就会影响到海面上来，引起潮流方向变乱。

月上山，潮涨滩。

释义：指月亮出来以后潮水开始上涨，把海滩淹没。

初三、十八子午平。

释义：指宁波一带当地农历每月初三和十八日高潮发生于子夜和中午。

撑船勿失潮，跟了月亮跑。

释义：出海撑船不要错过潮水，潮水一般跟着月亮跑，因此船要跟着潮水摇动。

二月十九观音暴，出船还是困觉好。

释义：农历二月十九是观音暴，这一天如海面上起风暴，不但出海危险，而且也捕不到鱼，不如在家睡觉休息。

八月十六明月照，海水吞进龙王庙。

释义：意思是说八月十六宁波因大潮汛涌入内江容易造成涝灾。

九月初九重阳暴，海中龙王信带到。

释义：农历九月初九是重阳暴，如那天海面起风，出海捕鱼也十分危险，龙王也会带信给你说别出海了。

海水叫声如黄牛，大雨快要到船头。

释义：海水的鸣叫声很响，如牛叫一般，预示着不久就要下雨了。

海水闷雷吼，台风到门口。

释义：如果海水发出闷雷一般的响声，台风马上就要来临了。

海水发臭，天将变。

释义：天气将要变化时，海水中腐败的东西就会浮到水面上来，使海水变了颜色，所以海水也就会发臭。

海上无风有响，渔船勿可动桨。

释义：海面上没有风，然而海底时时发出异常的响声，说明海难即将来临，还是不要动桨出海为宜。

海上起雾露，日头烤番薯。

释义：早上如果海上起雾，待雾露散尽，必有烈日炙烤，也叫揭开雾露猛日头。

海上起长浪，必有大风到。

释义：如果海上涌起长条状的浪花，预示着有大风刮来。

远望海水青，天气必定晴。

释义：从远处望去海水颜色变青，预示着天气晴朗。

海水起黄沫，大风不久过。

释义：远远望去，海水泛起黄色的泡沫，预示着大风将至。

浑水泛泡，趁早抛锚。

释义：海水变得浑浊且泛起泡沫，预示着天气可能变化，应该尽早返回陆地。

海洋能驶八面风，全靠老大撩风篷。
老大勿识潮，伙计有得摇。

释义：大海上气象条件复杂多变，在以前无动力木帆渔船的时候，航行全靠自然气象的恩赐，风和潮水左右着渔船的航行安全和行进速度，因此作为一船主心骨的船老大，必须具备识别风向和潮水的本领。

春雪满山岗，黄鱼沿街放。

释义：春雪积满山岗，黄鱼都往内海游，暗示今年的黄鱼是大年。

春分起叫攻南头。

释义：小黄鱼是一种暖水性近海洄游鱼类，平常散栖于水色澄清、水深20—40拓的海区下层，直到春分前后，才开始集群进入近海渔场产卵，而且一般都是从南而北依次起发，在产卵期间会发出叫声，谷雨前后发得最旺，直到立夏前后产卵完毕，又洄游去外海。

大黄鱼勿叫，小满水勿旺。

释义：大黄鱼，一般是在立夏前后进入近海集群产卵，直到夏至结束。

二月清明鱼如草，三月清明鱼如宝。
三月清明断鱼买，二月清明鱼叠街。

释义：农历二月清明、三月清明是指节气暖早暖迟；鱼如草、鱼如宝、鱼叠街、断鱼买是指捕鱼量和上市量多少。清明在农历二月份，天暖得早，鱼发得好，捕的鱼多得像草一样满街都是；如果是清明节在三月里，捕点春鱼就像宝贝一样，街上"断鱼卖"。说明天气暖得迟，鱼长得也差。

阳春三月好钓鱼，霜降前后好抲鳖。

释义：农历三月天气回暖，鱼儿在江河里四处活动觅食，不失为钓鱼的好时机。霜降前后，鳖频繁出洞活动，成为捉鳖的绝佳时机。

三月黄鱼要出虫，四月乌贼背板红。

释义：农历三月是黄鱼旺发时期，多到随处丢弃而出虫，农历四月是乌贼最肥美的时期，脊背上会出现红色斑点。

三月三，辣螺爬上滩。

释义：农历三月初三临近清明，天气转暖，清明时节时而细雨蒙蒙，时而阳光和煦，辣螺等贝类纷纷爬出洞穴，到滩涂上沐浴阳光雨露，是拾螺的好时机。

阳春三月桃花香，黄鱼产卵岱衢洋。

释义：桃花盛开时，黄鱼洄游到岱衢洋产卵，过去渔船都要赶到那里去捕黄鱼，现在科学管理，实行禁捕，保护黄鱼在岱衢洋产卵。

春过三日鱼北上，秋过三日鱼南下。

释义：立春三日过后海鱼开始向北迁游，到立秋三日过后就开始向南迁游。

春汛小虾随大流，看潮张网保丰收。

释义：春汛是张网的季节，小虾等随着潮流游入近海，张网者若能掌握潮流，选准位置下网，可获丰收。

四月十五田鸡咯咯叫，四月十六黄鱼满船摇。

释义：每到农历四月中旬，结束冬眠的青蛙就会咯咯地鸣叫，活跃于田间地头。同期，海里的黄鱼也鸣叫着到内海产卵，这时渔民出海捕捞就可以满载而归了。

四月月半潮，黄鱼满船摇。

释义：农历四月中旬时来潮水，对捕鱼十分有利，出海捕鱼定能满载而归。

四月半黄鱼不叫，㧯鱼老婆要上吊。

释义：农历四月中旬还没听到黄鱼叫声，这预示着当年的黄鱼很少，捕不到鱼，渔民老婆就要为一家子的生计发愁了。

四月蛏子胖墩墩，八月蛏子一条茎。

释义：农历四月是蛏子最肥美的时节，这时吃起来味鲜肉美，到了农历八月蛏子瘦得像一条茎了。

五月十三鲫鱼会，日里勿会夜里会。

释义：农历五月十三左右东海鲫鱼旺发，多到像在聚会一样。

六月带鱼毒如蛇，三月龙鱼嫩如水。

释义：宁波渔民通过长期的生活体验对各种鱼类的特性了如指掌，据说农历六月的带鱼有毒性，三月的龙鱼最鲜嫩。

三北雨汪汪，海蜇如砻糠。

释义：海蜇初发于梅雨时节。即每年农历五月间，体小而色红，俗称梅蜇，但数量不多。海蜇旺汛，约在夏末秋初。宁波慈溪一带，地处钱塘江，杭州湾南岸，得天独厚的自然条件，使海蜇大量繁殖又快速成长，民间有"三北雨汪汪，海蜇如砻糠"之民谚。

鲨鱼露，台风勿远。

释义：鲨鱼从海中钻出水面，预示着台风马上来临。

立夏打暴，乌贼抛锚。

释义："暴"指海上刮大风，"抛锚"是指乌贼在原地盘旋。立夏时节，当刮了西北大风后，原来随水流向西北岛屿游去的乌贼，此时移动速度减慢，也不易集群，在宁波洋面产生"抛锚"现象。

立夏连日东南风，乌贼逃进岩礁中。

释义：立夏季节，宁波外海连续吹刮东南风，会使水温上升，水流自东南外海流向西北岛屿沿岸，这时乌贼正值产卵期，卵要附在水中礁石上，加上乌贼本身游动能力很弱，它就随水流游到岛边，形成乌贼匆匆入岛的现象。

七月八月，青蟹换壳。

释义：青蟹包裹着一软一硬的两层外壳，农历七八月进行换壳，这时的青蟹体内膏多肉嫩，最为鲜美。

三伏不长猪，三九不长鱼。

释义：三伏天热，猪不易长膘；三九天水结冰，鱼退居深水，活动少也不易长大。

八月爽，九月凉，十月打船帮，寒冬腊月冻冰霜。

释义："打船帮"意思是捕鱼时，人冻得打磕牙；渔民在船上为了取暖，偶尔用手脚去磕打船帮。

八月八，望潮浦边趴。

释义：望潮形似章鱼，但要比章鱼小。农历八月初八左右，秋高气爽，涨潮时潮水流入小浦，望潮纷纷爬出洞穴，趴在浦岸边观望潮水，人们快速伸手可把它提来。

九月九，望潮吃脚手。

释义：农历九月初九，气温下降，北风呼啸，虾蟹少了，望潮无奈，只得冷清清地藏身于深深的洞府中，捧着自己的脚丫子啃呀啃，靠八只脚保命了。

菊花艳，蟹儿肥，抲蟹正适宜。

释义：北风乍起，菊花盛开，天气渐冷，这时的螃蟹最肥，也是捕捉螃蟹的好时机。

小雪小抲，大雪大抲，冬至旺抲。

释义：指渔民捕带鱼不同时间有不同的收获，带鱼捕捞以"冬至"前后为最旺。

冬吃头夏吃尾，春秋两季吃分水。

释义：说明一年四季，鱼最好吃的品种和部位。

大水（大潮）捕黄鱼，小水（小潮）捕鳓鱼。

释义：农历初一、十五前后几天，潮水涨落幅度大，称大水；初七、廿三前后几天，潮水涨落幅度小，称小水。鳓鱼一般同大黄鱼穿插捕捉，因此有该谚语之说。

鳓鱼贱相，捕东北水转涨。

释义：鳓鱼一般于潮水将涨未涨、将落未落之时鱼群密集，水面会发生密密麻麻似雨点般的水花。

瓦上霜白，带鱼旺发。

释义：屋顶上积起一层厚厚的霜，是冬天难得的风平浪静的好天气，正是带鱼旺发的最佳气候。

退潮泥螺，涨潮蟹。

释义：此谚语说的是要把握捕捞的时机。一等到退潮，滩涂上满是泥螺，涨潮的时候才有螃蟹。

冬天鲫鱼能治病，小暑黄鳝似人参。

释义：冬天是鲫鱼最肥美的时候，吃鲫鱼还能治病，农历六月上旬小暑，是黄鳝最肥美的时节，这时候的黄鳝营养价值堪比人参。

破网难遮太阳，臭鱼难晒好鲞。

释义：鲞，即剖后晾干的鱼。强调前提与基础的重要性。

冬天西风起，蟹脚痒兮兮。

释义：冬天一到，刮起西风，蟹脚发痒，纷纷往江河里爬去。

一朝浓霜猛日头，带鱼摆摊勿用愁。

释义：一朝浓霜过后，若天气晴朗，阳光灿烂，带鱼开始群集而来，捕捞带鱼就不用愁了。

夜里月光白茫茫，海里带鱼会上网。

释义：明月当空的夜晚，是捕捞带鱼的最好时机。

东南风是鱼叉，西北风是冤家。

释义：西北风一刮，鱼群即被驱散，便很难捕获；而东南风则会像鱼叉一样将分散的鱼群赶到一起，便于捕捞。

西北风满篓，东南风空兜。

释义：指刮西北风时鱼易上钩，收获大；刮东南风时鱼儿不爱吃饵，收获小。

涨潮能吃鱼，落潮好吃虾。

释义：涨潮时是捕鱼的绝佳时机，落潮后海水退去，海滩路面，虾蟹一时逃避不及，落在滩涂上，捕捉就相对容易了。

潮动把鱼钓，潮平困晏觉。

释义：指潮刚开始涨，鱼上钩多，易钓。潮满则收竿休息。

雾水浓，钓鱼丰。重霜起，鱼起哄。

释义：雾气较浓是钓鱼的佳期，重霜一朝鱼儿就会成群而冬。

春钓小雨夏钓早，秋钓黄昏冬钓早。

释义：一年四季钓鱼要选择不同的时机，春天要选择细雨茫茫的时候，夏天一般选择早上温度低时，秋天则是选择黄昏时分，冬天要选择在水草丰盛的地方钓鱼。

春钓东南风，秋钓西北风。

释义：钓鱼时机的选择和当天的风向也有关系，春天时一般应选择刮东南风时去钓鱼，秋天时则选择刮西北风时去钓鱼。

钓鱼要钓流，没流瞎白弄。

释义：指钓鱼要选择海水涨退潮或有海流时，否则收获不大，瞎干。没流时要收竿休息。

事理哲理篇

行得春风有夏雨。

释义：即就自然规律来说，在每年的春风刮过之后，夏雨也会自然而然地来。宁波的民众就根据这个承前继后的自然现象，来比喻人做了好事后，必定会得到好的回报。

稻怕寒露风，人怕老来穷。

释义：水稻在寒露时节还没抽头，一般来说就算之后抽头了也是秕子，因寒露后天气转凉，抽再多的穗也是无用的。人到了老年，体弱多病，如果没有足够的钱养老，生活就会很困难。

天怕雪后风，人怕老来穷。

释义：比喻人到老年要有适当的生活保障，才能衣食无忧。

古松弗怕大风雪，好心弗怕人猜疑。

释义：意为为人常怀一颗与人为善的好心肠，就不怕任何猜疑。

晴带雨伞饱带粮。

晴天要带伞，肚饱要带饭。

释义：晴天外出要考虑到天气变化，备好雨伞。要想不饿肚子，在吃饱饭的同时也要考虑备好粮食。

人为料，天会调，种好庄稼要看苗。

释义：种田靠天，风调雨顺，庄稼才能长好。但是天有不测风云，人有时很难预料，所以要种好庄稼还须定苗管理、看苗施肥，这样才能丰收丰产。

人有千算，天只一算。

释义：人虽然进行科学研究，观察天象，预测天气，但终究未能完全预防突降的自然灾害。

大富靠天，小富靠俭。

释义：赚大把的钱要靠把握机遇和规律，即所谓靠天。而小富则要靠勤俭节约。

天上雷公，地上舅公。

释义：比喻舅公说话很有权威，像雷公打雷一样，一锤定音。舅公：父母亲的娘舅。

天上无云弗落雨，地上无媒难成亲。

释义：以云和雨之间的关系比喻媒人是促成婚姻的重要因素。

天高好晒谷，天低可孵芽。

释义：天高云淡的日子必是天气晴好，适宜晒谷，而天低云层厚，就必然会是下雨天，只能孵孵豆芽了。

天上星多月弗明，地上人多心弗平。

释义：比喻世界上的人思想和要求都不一样。

天要落雨山头毛，娘要嫁人寻孽造。

释义：如果山顶像发毛一样，说明天将下雨了；如果单身母亲吵闹不停，便是想嫁人了。

天高弗能压太阳，儿大弗能压爹娘。

释义：儿女对父母的养育之恩，没齿难忘，所以长大后不能欺压父母。

种落苗是金，施好肥是银，错过季节白费心。

释义：要使水稻有好的收成，不要错过季节和天气，适时落种是关键，然而肥料管理也很要紧。

猛猛月亮晒勿来谷，乖乖女人上勿来屋。

释义：夜里的月亮再明亮，也因为没有热量而晒不了谷子。旧时，再聪明乖巧的女人也不能上屋顶。（封建社会认为女人上屋顶不吉利）

一朝晴一朝落，晒谷女人哚哚哭。

释义：水稻收割的季节里，妇女刚把稻谷晒好，忽然落起雨来，一会又天放晴，晒谷女人急得要哭了。

风一阵，雨一阵。

释义：比喻事情不顺利，一会儿刮风，一会儿下雨。也比喻受到舆论抨击。

风弗进，雨弗出。

释义：讥讽小人小气、吝啬。风弗进：风吹不进。雨弗出：雨水漏不出。

风急落雨，人急生智。

释义：以风雨比人，风紧了要下雨，所谓"山雨欲来风满楼"；人在紧要关头会急中生智，想出办法来。

没鸡叫，天也亮。

释义：比喻自然规律无法改变，不为外力所左右。

多头门，多道风。

释义：比喻多交往一家亲眷，就多一份麻烦；也比喻多一个消费项目，就要增加一笔开支。

雪中风，肉里葱。

释义：下雪天里的风最冷，煮在肉里的葱最香。

云里来，雾里去。

释义：比喻事情未落到实处，办事的人心里没底。

种田人，讲节气；生意人，靠和气。

释义：种田主要靠风调雨顺，但也离不开农田管理，经商做生意靠的是以顾客为本，和气生财。

种种在田里，收成在天里。

释义：庄稼种在田里，然而收成的好坏还要取决于气候条件。

庄稼怕旱天，做事怕蛮干。

释义：种庄稼必须要有充足的水，怕的是久旱无雨。做事情必须动脑巧干，最怕的是不动脑子的蛮干。

田塍作漏趁天晴，读书学习趁年轻。

释义：田塍两边铲草后，用糊泥贴田塍不使水漏到田外，这些工作须在晴天进行。读书学习必须趁年少记忆力强时，努力去学，才会有所成就。

春天生意实难做，一头行李一头货。

释义：春天里，天气变化较快，俗话说，春天像孩子的脸一日三变，忽晴忽雨，忽冷忽热，因此出门做生意要随带行李，以防天气变化。

吃过立夏蛋，手脚不能懒。

释义：农历四月初立夏时节气温回升，农民不管刮风下雨都要出畈下田干农活，不可偷懒了。

日头天上红，万物长土中。

释义：太阳是万物生长的源泉，世间万物如没有足够的日照，就不能很好地生长。

山高日出晏，天高皇帝远。

释义：比喻偏远地方好事来得迟。晏：迟、晚。

春争日，夏争时，错过季节无处补。

释义：春天里农作物生长一天天变化，要抓住种植时节，到了夏天，农作物生长迅速，作物栽培管理更应争分夺秒，错过季节就无法弥补了。

冬勿节约春要愁，夏勿勤力秋无收。

释义：入冬过年了，如果不勤俭一点，乱吃乱用，到春天就要为生计发愁了。夏天是农田劳作的关键时期，若不勤劳些，秋后丰收就无望了。

撑船不让风，种田不让时。

释义：大江大河里撑船，当风帆撑起时要借风而上，种田人一定要把握住季节，不能错过每个节令。

三月桃花满园红，风吹雨打一场空。

释义：农历三月桃花满园盛开，但若遭到风吹雨打，花瓣打落，最终会影响结果。

四五六月站一站，寒冬腊月少口饭。

释义：农历四月至六月是田里农作最忙的季节，这时不忙着干农活，秋后就要减产减收。

风吹连檐瓦，雨打出头椽。

释义：比喻所做的事发生意外，共事者会受到牵连，而领头者负首要责任。

朋友好做好，落雨自割稻。

释义：朋友虽好，但在急难之中还得靠自己。好做好，意为

"再好"。

大门关嘞紧，冷风吹弗进。

释义：比喻对坏人坏事要早有提防，有备无患。

冷冷嘞风里，穷穷嘞铜钿。

释义：人穷是因为缺少铜钿，就如冬天天气冷是因为风大。

冷嘞风里，穷嘞债里。

释义：寒冷是西北风吹来造成的，贫穷是债务纠缠造成的。

把结把结，把牢季节。

释义：节气与农时的关系密切，要把握好。把结：勤奋。

秋雨大大，胡琴拉拉。

释义：这里的大大两字是形容下雨声，秋天下雨不误农事，拉二胡找开心。

小雨落成河，粒米积成箩。

释义：一点一滴的雨水能汇成小河，一粒一粒的米多了，也能累积成一箩筐。比喻积少成多、节约意义重大。

久旱知雨贵，天黑显灯明。

释义：比喻事物要有比较才能分出贵贱高低。

屋倒碰着连夜雨。

释义：比喻祸不单行，犹如说"船漏偏遇顶头风"。

平地一声雷。

释义：比喻突然听到一个震撼人心的消息。

雷声大，雨点小。

释义：比喻话说得很多，实际行动却很少。

雷雨三朝，木莲倒掉。

释义：木莲指木莲树果汁制成的木莲冻，加上白糖和薄荷，是旧时宁波民间的清凉饮料。可是遇到下雷雨，卖木莲的人就没生意了。

有天无日头。

释义：比喻人处事，见不得人。

纵有百日晴，也有一日阴。

释义：比喻人不能没有忧患意识，要防患于未然。

捉漏趁天晴，读书趁年轻。

释义：修补屋漏要趁天晴，读书要趁年轻记性好的时光。

晴天弗做忌，落雨莫怨天。

释义：晴天不顾屋漏墙破，下雨时怎能怪天呢？做忌：小心提防。

晴天弗肯走，直等雨淋头。

释义：讥讽人不知把握有利时机，坐等错失良机。

晴天多雨意，泼妇多眼泪。

释义：泼妇撒泼言行多变，一会打骂，一会哭闹，就像晴天忽然会下雨。

晴天防雨天，好年防灾年。

释义：农业丰收年头也不可忘记预防灾害，应储粮备荒。

东方弗亮西方亮，去嘞日头有月亮。

释义：借用自然界的天气现象，来说明一种"天无绝人之路"的观点。

天怕东风雨，人怕床头鬼。

释义：告诫男子不要偏信"枕头风"。床头鬼：比喻刮床头

风的妻子。东风雨：刮东风要下大雨，易酿水灾，以此比喻。

雨落天河里。

　　释义：比喻言行不见成效，毫无踪影。

毛毛细雨湿衣裳，杯杯老酒败家当。
细雨湿衣裳，滴酒破家当。

　　释义：牛毛细雨淋久了也会湿透衣服，酒一点一滴喝进肚子，天长日久耗费也很可观。

雨落过带伞。

　　释义：比喻错过了时机，放马后炮。

人家求我三春雨，我求人家六月霜。

　　释义：别人有求于我时，我就像春雨一样施惠于人；可是当我求人时，想得到帮助竟像六月降霜那么难。

大海弗怕雨水多，好汉弗怕苦难多。

　　释义：励志语，比喻困难多并不可怕，好男儿自有坚强意志，就如雨水再多大海也能承受。

孲子无六月。

　　释义：初生婴儿抵抗力差，要用薄被包裹，即使夏天也需如此，故说无六月。孲，幼儿。

九月廿七风，懒妇搯傢箜。

释义：农历九月廿七，霜降已过，立冬将至，寒风刮起，一向懒怠的妇女才想到要准备御寒衣服了。傢箜：防止针线、剪刀等用具的竹编器具，俗称"傢箜篮"。

癞司避端午。

释义：癞司，为甬语，指癞蛤蟆，学名蟾蜍，语意是癞蛤蟆躲避端午节，其实冬眠醒来的癞蛤蟆多数在端午节后才出来觅食，借喻有意回避某个日子、时间。

白露身弗露，寒露脚弗露。

释义：白露到了不再能赤身露体，到了寒露双脚也不能外露了。

一个霹雳天下响。

释义：比喻一个消息震撼了四面八方。霹雳，指雷电。

人过四十天过午。

释义：比喻人的青少年、中年和老年，如同早晨、中午和黄昏，而人过了四十岁就像日过中午，最好的时光过去了。

天要落雨娘要嫁。

释义：比喻寡妇改嫁就同天下雨一样，是天经地义的。娘：母亲。甬剧有一部戏叫《天要落雨娘要嫁》。

炒菜看火候，出门看天色。

释义：比喻要察言观色，再决定自己的行动。

出门看天色，进门看面色。

释义：提示人出门时要多关注天气变化，进屋时要注意人的表情态度，以便及时采取相应对策。

无风不起滚头浪。

释义：比喻事情的突然发生总是有原因的。滚头：形容浪之高。

冬练三九，夏练三伏。

释义：功夫要达到炉火纯青，就一定要不间断地练习，即使最冷的三九天、最热的三伏天也不能间歇。

性格生成，落雨清淋。

释义：戏谑语。比喻性格倔强，宁折不弯，宁愿吃苦也不改初衷。清淋：下雨不打雨伞，不穿雨衣，让雨淋着。

九九八十一，家家打炭墼。

（流传于鄞州一带

（二）

一九、二九，扇子不离手。

三九二十七，冰水甜如蜜。

四九三十六，拭汗如出浴。

五九四十五，头戴秋叶芜。

六九五十四，乘凉入佛寺

七九六十三，床头寻被单。

八九七十二，思量盖夹被。

九九八十一，家家打炭墼。

（流传于镇海一带）

（三）

一九二九，出脚捋袖；

三九四九，汗出汤流；

五九六九，扇子勿离手；

七九六十三，上床寻被单；

八九七十二，被单添夹里；

九九八十一，家家打炭墼。

（流传于老市区一带）

鱼怕离水，草怕见霜。

释义：比喻世上万物皆有克星，人类必须顺应自然规律。

春弗做牛，夏弗上楼。

释义：比喻春天里做牛最苦，夏天住在楼上最热。

暴冷冷煞人，暴热热煞人。

释义：天气刚刚变热或者变冷时人会感到受不了。暴：突然，初次。

儿孙不还债，冬至连除夜。

释义：宁波话"不还债"的意思是不孝顺或没教养，此话谓儿孙不孝顺，那么只有一年做到头了。

冬至长长节，做到除夕歇。

释义：意思是只要你有时间，有心去做，在冬至到除夕这一时段内活计就很多，什么都可以做。

走夏至日，困冬至夜。

释义：夏至是一年内白昼最长的一天，就像冬至是一年中黑夜最长的一天一样。

困困冬至夜，腾腾夏至日。

释义：冬至夜要睡个安稳觉。困困，睡觉；腾腾，休息。

附 录

宁波气象歌谣选

冬至九九歌

（一）

一九二九，滴水勿流；

三九四九，冻碎捣臼；

五九四十五，树头叫鹁鸪；

六九五十四，笆头抽嫩枝；

七九六十三，破衣两头甩；

八九七十二，黄狗叹阴地；

九九八十一，苍蝇打大跌。

（流传于老市区）

（二）

一九二九，滴水勿流；

三九四九，冰碎捣臼；

五九四十五，太阳开门户；

六九五十四，笆头出嫩枝；

七九六十三，破袄两头掼；

八九七十二，黄狗摊泥地；

九九八十一，飞爬一齐出。

（流传于北仑一带）

（三）

一九二九，下水勿流；

三九四九，绞开捣臼；

五九四十五，笆头出嫩枝；

六九五十四，种竹正当时；

七九六十三，破衣田边甩；

八九七十二，出工在畈里；

九九八十一，犁耙一起出。

（流传于镇海一带）

夏至九九歌

（一）

一九至二九，扇子弗离手；

三九二十七，冰水甜如蜜；

四九三十六，出汗如滗浴；

五九四十五，树头秋叶飘；

六九五十四，乘凉弗入寺；

七九六十三，床上寻被单；

八九七十二，被单添夹被；

十二月节令歌

（一）

正月拜岁吃瓜子，二月行会放鹞子，

三月种田下秧子，四月晒场碾菜子，

五月端午吃粽子，六月乘凉摇扇子，

七月荷花结莲子，八月月饼嵌馅子，

九月重阳裹粽子，十月姑娘上棚子，

十一月落雪子，十二月冻煞凉亭叫花子。

（流传于北仑一带）

（二）

正月拜岁嗑瓜子，二月空畈放鹞子，

三月上坟坐轿子，四月种田撒秧子，

五月端午裹粽子，六月莲蓬结莲子，

七月棉花结铃子，八月桂花做馅子，

九月摊头买橘子，十月掏地下菜籽，

十一月满天落雪子，十二月送灶吃团子。

（流传于象山一带）

（三）

正月嗑瓜子，二月放鹞子，

三月上坟戴帽子，四月种田下鞅子，

五月白糖揾粽子，六月朝天扇扇子，

七月老三挖银子，八月月饼嵌馅子，

九月吊红夹柿子，十月沙泥炒栗子，

十一月落雪子，十二月冻煞凉亭叫花子。

（流传于鄞州一带）

四季节令歌

立春梅花开得艳，雨水杏花放满园。

惊蛰惊雷报春到，春分蝴蝶嘟嘟飞。

清明风筝放断线，谷雨新茶香咪咪。

立夏种田吃金团，小满养蚕好收茧。

芒种五谷要种齐，夏至杨梅满街里。

小暑风吹早熟豆，大暑池边赏荷莲。

立秋西瓜拔拔秋，处暑葵花顶开颜。

白露菜苗绿田间，秋分丹桂香满园。

寒露露冷秋风起，霜降芦花飞满天。

立冬临冬寒潮来，小雪鹅毛飞檐前。

大雪瑞雪兆丰年，冬至夜梦话吉利。

小寒游子思乡归，大寒岁末庆团圆。

（流传于镇海一带）

二十四节气歌

（一）

立春雨水为年首，惊蛰春分二月到。

过却清明是谷雨，从来节气不差毫。

立夏初过小满张，芒种夏至可分秧。

小暑大暑苦农夫，汗滴锄禾火伞撑。

立秋处暑尚骄阳，白露秋分风见凉。

寒露接回霜降来，田洋生活莫荒唐。

小雪常让立冬先，绵绵大雪冬至前。

小寒不敌大寒冷，准备棉衣要度年。

（流传于象山一带）

（二）

立春迎新春，雨水打犁绳。

惊蛰动雷声，春分昼夜平。

清明孵秧芽，谷雨播棉花。

立夏种早稻，小满动三车。

芒种头梅进，夏至稻生芯。

小暑伏开始，大暑夏收紧。

立秋吃西瓜，处暑剥络麻。

白露棉吐丝，秋分稻头挂。

寒露种菜忙，霜降秋收旺。

立冬种好麦，小雪耕翻松。

大雪天飞雪，冬至年将末。

小寒江河封，大寒北风吹。

（流传于余姚一带）

（三）

种田无定例，全靠看节气。

立春阳气转，雨水沿河边。

惊蛰乌鸦叫，春分滴水干。

清明忙育秧，谷雨好种田。

立夏鹅毛住，小满雀来全。

芒种大家乐，夏至不穿棉。

小暑不称热，大暑在伏天。

立秋忙打篁，处暑动刀镰。

白露快割地，秋分无生地。

寒露不称冷，霜降变了天。

立冬先封地，小雪河封严。

大雪交冬月，冬至数九天。

小寒忙买办，大寒要过年。

（流传于余姚一带）

十二月系列歌
（一）

正月落错过，二月芥菜大，

三月拗乌笋，四月拔茅针，

五月煮蒲羹，六月乘风凉，

七月七巧凉，八月桂花香，

九月九重阳，十月芋艿焐鸡娘，

十一月投钱粮，十二月乒乓放炮仗。

（二）

一月拖拖鞋，二月搓搓牌，

三月田耕耕，四月船撑撑，

五月捣水空，六月晒稻种，

七月七秋凉，八月桂花香，

九月九重阳，十月番薯硬，

十一月黄胖差人柯田粮，

十二月吭佬人家打相打，有佬人家杀猪羊。

（三）

正月灯，二月鹞，

三月清明看娇娇，

四月做秧田，

五月端午吃青饺，

六月六，猫狗要洗澡，

七月七，姑嫂把巧乞，

八月中秋菊花糕，

九月重阳闻酒香，

十月赶庙会，

十一月祭祖先，

十二月杀猪舂糕好过年。

（流传于余姚一带）

正月正

正月正，新新衣裳穿上身；

二月二，菜羹菜饭煮露天；

三月三，荠菜马兰擀屁眼；

四月四，赤脚秃手拔秧子；

五月五，早稻六谷担大肚；

六月六，黄狗老猫滗滗浴；

七月七，刺空吃之要滑积；

八月八，刺空要挖也好挖；

九月九，摘来刺空像老酒；

十月十，刺空一个寻弗着。

正月错落过

正月错落过，二月芥菜大，

三月拔茅针，四月拗乌笋，

五月煮瓠羹，六月乘风凉，

七月七巧凉，八月桂花香，

九月九重阳，十月芋艿焐鸡娘，

十一月投钱粮，十月乒乓放炮仗。

注：茅针指茅草所孕之物，抽而食之有甘味。

正月做客看灯放鹞子

正月做客看灯放鹞子，二月观音礼拜绕村子。

三月清明上坟播秧子，四月立夏称人健身子。

五月端午驱蚊吃粽子，六月乘凉猜谜摇扇子

七月七巧穿耳梳辫子，八月中秋赏月采桂子。

九月重阳登高吃团子，十月游山玩水摘栗子。

十一月兰街看戏买画子，十二月家家过年杀鸡子。

（流传于慈溪三北一带）

十二月开花歌

（一）

正月梅花二月杏，三月桃花四月蔷，

五月石榴结金庞，六月荷花水中央，

七月凤仙七秋凉，八月桂花树上香，

九月菊花九重阳，十月芙蓉暖洋洋，

十一月水仙盆里凉，十二月腊梅带雪可怜相。

（流传于奉化一带）

（二）

正月茶花早逢春，二月兰花盆里青。

三月桃花满树红，四月蔷薇笑眯眯。

五月石榴红似火，六月荷花朵朵开。

七月凤仙像鸡冠，八月桂花香烘烘。

九月菊花迎重阳，十月芙蓉小阳春。

十一月水仙花儿冷冰冰，

十二月雪里美化又逢春。

（流传于余姚一带）

农业节气歌

正月：岁朝濛濛四边黑，大雪纷飞是年华，
但得立春一日晴，农夫不用力耕田。

二月：惊蛰闻雷米如泥，春分有雨病人稀，
但得月中逢三卯，到处豆麦棉花佳。

三月：风雨相逢初一头，沿村瘟疫万民愁，
清明若从南风起，预报丰年大有收。

四月：立夏东南少病痛，时逢初八果生多，
雷鸣甲子庚辰日，定主蝗虫损稻禾。

五月：端午有雨是丰年，芒种闻雷亦美然，
夏至风从西北起，瓜果地内受煎熬。

六月：三伏之中逢酷暑，五谷田禾多不结，
此时若不见灾危，定主立冬多雨雪。

七月：立秋无雨正堪忧，万物从来一半收，
处暑若逢天下雨，纵然结果也难留。

八月：秋分天气白云多，到处欢歌好稻禾，
此日最怕雷电闪，冬来米价道如何。

九月：初一飞霜侵损民，重阳无雨一冬晴，

月中火色人多病，若闻雷声菜价高。

十月：立冬之日怕逢壬，来岁高田枉费心，

此日若逢壬子日，灾殃疾病损人民。

十一月：初一有风病疾多，更兼大雪有灾魔，

冬至天晴无雨色，明年定唱太平歌。

十二月：初一东风六畜灾，倘逢大雪旱年来，

若如此日天气好，下岁农民大发财。

节气农事歌

立春迎春祷丰收，雨水有雨麦苗秀。

惊蛰闻雷飞爬出，春分春花含苞立。

清明播种蛙声朗，谷雨起畈秕花旺。

立夏种田过半摊，小满割麦抢时限。

芒种芒种忙忙种，夏至灌水不放松。

小暑出谷稻头尖，大暑割稻要抢先。

立秋无雨秋旱重，处暑耘糯当浇壅。

白露露白好种菜，秋分分秋出稻齐。

寒露三天撒秕花，霜降来临割晚稻。

立冬种麦又种油，小雪积肥捻河泥。

大雪培土削麦子，冬至至冬大如年。

小寒抬冰好上手，大寒过年做糕点。

注：抬冰指冰厂储冰。

十二月菜名歌

正月菠菜才吐绿，二月栽下羊角葱，

三月韭菜长得旺，四月竹笋雨后生，

五月黄瓜大街卖，六月葫芦弯似弓，

七月茄子头朝下，八月辣椒个个红，

九月柿子红似火，十月萝卜上秤称，

冬月白菜家家有，腊月蒜苗正泛青。

盼节谣

正月团，二月糕，

三月清明吃青草，

四月初八吃柴脑，

五月端午笋壳包，

六月六，吃麦糕，

七月半，印版敲，

八月要吃麦饼凹，

九月九，重阳糕，

十月吃水饺，

十一月冬至搓搓圆，

十二月吃团又吃糕。

（流传于象山一带）

月夕歌

初三初四鹅毛月；初七八爬山挖；

十五十六正团圆；十八九坐等守；

二十睁睁，月上一更；廿一二，月上二更二；

廿三四，月亮四更始；廿五六，月上山头煮饭吃。

风级歌

零级无风炊烟上；一级软风烟稍斜；

二级轻风树叶响；三级微风树枝晃；

四级和风灰尘起；五级清风水起波；

六级强风大树摇；七级疾风步难行；

八级大风树枝折；九级烈风烟囱毁；

十级狂风树根拔；十一级暴风陆罕见；

十二级飓风浪滔天。

渔谚风级歌

零级静风烟直上，一级烟动示风向，

二级篷布响，三级红旗扬，

四级纸屑飘荡，五级水面起波浪，

六级桅顶呼呼响，七级迎风步行晃，

八级枝断变形状，九级烈风掀屋梁，

十级树倒根向上，十一、十二级百步之外难见地面物。

（流传于象山一带）

雾谣

正月雾，雪铺路；

二月雾，天空乌；

三月雾，雨落糊；

四月雾，三麦满仓库；

五月雾，大雨在半路；

六月雾，深井水也枯；

七月雾，热嘞勿走路。

云谣

云往东，车马通；

云往西，马溅泥；

云往南，水积潭；

云往北，好晒谷。

看风识天气

久晴西风雨，久雨西风晴。

日落西风停，勿停刮倒树。

常刮西北风，近日天气晴。

半夜东风起，明日好天气。

雨后刮东风，未来雨不停。

南风吹到底，北风来还礼。

南风怕日落，北风怕天明。

南风多雾露，北风多寒霜。

夜夜刮大风，雨雪不相逢。

南风若过三，不下就阴天。

风头一个帆，雨后变晴天。

晌午不止风，刮到点上灯。

无风现长浪，不久风必狂。

无风起横浪，三天台风降。

大风怕日落，久雨起风晴。

东风不过晌，过晌嗡嗡响。

雨后东风大，来日雨还下。

雹来顺风走，顶风就扭头。

春天刮风多，秋天下雨多。

四季渔歌

春季黄鱼咕咕叫，要叫哥哥踏海潮。

夏季乌贼加海蜇，猛猛太阳晒背脊。

秋季什鱼随侬挑，网里滚滚舱里跳。

北风吹来白雪飘，风里雨里带鱼钓。

一阵风来一阵雨，愁煞多少新嫂嫂。

钓鱼

钓鱼要看风，出去勿落空。

春钓东南风，秋钓西北风。

水中小雨游，大鱼勿在边。

小雨四处跑，大鱼要来到。

水中冒气泡，水下鲫鱼到。

水底生青衣，必定有大鱼。

春钓浅水，夏钓阴。

秋钓清水，冬钓深。

后　记

　　气象谚语是劳动人民在长期的生产生活实践中，在改造自然和与之和谐相处的过程中，经过千百年的实践考验和锤炼而积聚下来的认识自然的宝贵经验。从今天的情况看，其准确度并不亚于天气预报。虽然现在我们已经不再依靠这些气象谚语中的知识作为气象参考标准，但我们仍然需要记录这些历代宁波劳动人民所累积的丰富经验予以文化传承。

　　记得八年前，我和同事们在编写浙江省首本中小学生气象科普教材《气象探秘》时，我们曾深入民间，搜集过一些宁波本地的气象谚语，并把它们编入了《气象探秘》的附录部分中。当时，我已经深刻感受到了宁波气象谚语的朴素语言和丰富内涵，以及在老百姓日常生活生产中的重要作用。许多宁波气象谚语不仅具有应用价值，而且讲究平仄、对仗和押韵，如诗如歌，读起来朗朗上口，美不胜收，颇富艺术性。宁波气象谚语的这些特质，不仅深深地吸引着我和我的同事们、学生们，也吸引着一大批爱好宁波地方文化的同仁们。这几年来，只要一有空余时间，我就会穿梭于甬城大地上的街巷弄堂里，奔波在乡村田野中，寻访宁波老底子的民间乡土文化人士和民间文化资深专家，从他们那里并借助地方文献资料、媒体、网络等多种途径，搜集各类源于本地的气象谚语。功夫不负有心人，历经八年积累整理的艰辛付出，今天这本《宁波气象谚语浅释》终于结集出版了。

值此《宁波气象谚语浅释》付梓出版之际，编者对宁波大地上致力于总结民间测天经验的历代先贤们深表敬佩和感激。正是他们的勤劳、智慧和无私奉献，才给宁波人民遗留下来如此珍贵的民间气象文化瑰宝。同时，衷心感谢宁波市文联、鄞州区气象局、鄞州区科技局、鄞州区教育局等有关单位领导的大力支持。本书编写有幸得到了众多政府部门的重视和扶持，曾先后列入2018年度宁波市文艺重点创作项目和2018年度鄞州区科协重点科普项目专项资助。

感谢德高望重的宁波著名民间文化专家、宁波市民间文艺家协会主席周静书先生对本书编写给予真诚的鼓励和支持，多年来他始终关注、指导本人的民间文学整理创作。在本书的编写启动前，他对书的整体框架和体例做了提纲挈领式的规划。

感谢中国气象学会科普部张伟民部长，宁波市文联创研室冯国祥老师，鄞州区气象局胡春蕾局长、骆后平副局长、史浩辉科长、黄晓兰科长，鄞州区科协俞蓉主席、徐超副主席，鄞州区青少年科协徐卫东秘书长等文化、气象和科技领域的众多专家对本书编写给予专业性指导，并提出了具体建议；中国校园气象科普领衔人、浙江省校园气象科普协会秘书长任咏夏参与了本书审稿工作，提出许多有价值的建设性意见。

宁波地方文化领域颇有造诣的宁波大学周志锋教授，宁波方言专家、《宁波晚报》资深编辑乐建中老师，《宁波谚语》编著者赵德闻老先生，宁波农谚非遗传承人庄兆民先生等一批地方文化学者专家，对本书编写给予大力支持，参与过相关内容审查和咨询，在此均表衷心感谢。

本书参考了许多发表的相关文献，主要包括宁波市海曙区、江东区、鄞县等十一个县（市、区）民间文学集成办公室编的《中国民间文学集成系列丛书（故事、歌谣、谚语卷）》（全套十一本），贺挺主编的《浙江省民间文学集成—宁波市歌谣谚语卷》，饶忠华、赵德闻、董鸿毅、朱彰年、董振丕、庄兆民等主编的《浙江天气谚语》《宁波谚语》《宁波谚语评说》《阿拉宁波话》《浙东农谚》《宁波农谚集锦》等书。这些书中提供的部分谚语，补充和扩大了本书的内容。另外，本书还有一部分谚语来自《宁波日报》《宁波晚报》等报媒文章、宁波电视台《讲大道》栏目及互联网，由于初始来源不清，在此在对原作者深表感谢。

限于水平，本书难免有所不妥之处，敬请读者批评指正。

编者

2018年7月